“十二五”国家重点
出版物出版规划项目 | 《科学美国人》精选系列

2036，
气候或将灾变

环境与能源新解

《环球科学》杂志社
外研社科学出版工作室 | 编

U0209735

畅销全球170年
《科学美国人》
精选

外语教学与研究出版社
FOREIGN LANGUAGE TEACHING AND RESEARCH PRESS
北京 BEIJING

图书在版编目 (CIP) 数据

2036，气候或将灾变：环境与能源新解 / 《环球科学》杂志社，外研社科学出版工作室编．-- 北京：外语教学与研究出版社，2016.8
（《科学美国人》精选系列）
ISBN 978-7-5135-8007-6

Ⅰ．① 2… Ⅱ．①环… ②外… Ⅲ．①气候变化－气候影响－生态环境－普及读物 ②新能源－能源开发－普及读物 Ⅳ．①P467-49 ② X171.1-49 ③ TK01-49

中国版本图书馆 CIP 数据核字 (2016) 第 215170 号

出 版 人　蔡剑峰
责任编辑　朱元刚　蔡　迪
封面设计　锋尚设计
版式设计　陈　磊
出版发行　外语教学与研究出版社
社　　址　北京市西三环北路 19 号（100089）
网　　址　http://www.fltrp.com
印　　刷　北京华联印刷有限公司
开　　本　730×980　1/16
印　　张　12.5
版　　次　2016 年 9 月第 1 版 2016 年 9 月第 1 次印刷
书　　号　ISBN 978-7-5135-8007-6
定　　价　39.80 元

购书咨询：（010）88819926　电子邮箱：club@fltrp.com
外研书店：https://waiyants.tmall.com
凡印刷、装订质量问题，请联系我社印制部
联系电话：（010）61207896　电子邮箱：zhijian@fltrp.com
凡侵权、盗版书籍线索，请联系我社法律事务部
举报电话：（010）88817519　电子邮箱：banquan@fltrp.com
法律顾问：立方律师事务所　刘旭东律师
　　　　　中咨律师事务所　殷　斌律师
物料号：280070001

《科学美国人》精选系列

丛书顾问

陈宗周

丛书主编

刘　芳　　　章思英

褚　波　　　刘晓楠

丛书编委（按姓氏笔画排序）

丁家琦　朱元刚　杜建刚　吴　兰　何　铭

罗　凯　赵凤轩　韩晶晶　蔡　迪　廖红艳

本书审校（按姓氏笔画排序）

刘贵华　张　洋　陈　文　周天军　蔡国田　廖翠萍

气候变化关乎每个人的生活

李崇银

中国科学院院士

中国科学院大气物理研究所研究员

解放军理工大学气象学院教授

　　地球气候及其变化本质上是一种自然现象，是自然科学所面对的问题。但是近些年来随着气候变化影响的加剧，气候变化已经成为重要的社会问题、经济问题和国际问题，引起了全世界民众及各国政府的高度重视。《2036，气候或将灾变：环境与能源新解》一书收集了世界上一些知名教授、学者、作家、资深记者和自由撰稿人所写的与全球气候变化及影响有关的文章，用简明易懂的语言向读者指出了气候变化及其影响的严重性，也简要提出了一些应对办法，很值得大家（包括政府官员、企事业领导、科学工作者以及其他各类从业人员）阅读。这将有助于提高我们对气候变化及环境问题的认知水平，从而更好地保护我们的地球生态环境。

　　自1900年以来，全球平均气温上升了1.5℃左右。有研究认为，到2100年全球平均气温预计还可能会上升1~5℃。全球变暖导致海平面的明显上升，过去一个世纪全球海平面平均已升高10~25厘米，预计到2100年全球海平面的升高幅度可能达到50厘米，甚至更多。海平面的升高对各国沿海地区的社会经济发展，以及一些海岛的开发、建设和保护都将带来一定的影响。全球变暖极有可能加剧自然灾害，使极端天气事件发生频次增加。正如本书中《极端天气将成常态》《全球变暖引发超级寒冬》所写，全球平均气温的增高导致全球范围内大量极端天气的出现。联合国经济与社会事务部2008年的报告指出，自然灾害对经济造成的威胁正在加大。与20世纪70年代相比，2000~2006年间自然灾害每年对经济安全的威胁已增长至4倍，每年造成的损失增加了7倍，受灾人数上升了4倍；而且一些分析研究表明自然灾害很有可能在贫穷国家造成更大灾难，这尤其值得关注。气候变化必然带来生态环境的恶化、生物多样性的破坏和土地沙漠化等一系列严重问题，对人类生存和福利造成威胁。在本书中，《食物网即将洗牌》《珊瑚的悲伤》反映的正是这一问题，气候的变化使得动物的生存状态面临极大挑战。2005年3月联合国在一份《千年生态系统评估》中指出"在使地球生命得以生存的生态体系中，有60%已严重恶化或不能持续利用"，"地球物种已出现巨大和不可逆转的损失，有10%到30%的哺乳动物、鸟类和两栖动物已濒临灭绝"。另外，气候变化对国家安全也存在明显影响。2007年4月16日，美国海军分析中心军事咨询委员会发布了《国家安全与气候变化威胁》的报告，从军事角度评估了气候变化对美国国家安全的潜在威胁。2008年6月25日，美国国家情报委员会联合美国16个国家级情报机构，又发布了《2030年前全球气候变化对国家安全的影响》报告，对全球未来的气候变化可能对美国的国家安全产生的影响做出了评估。

近百年来全球平均气温有明显升高，联合国政府间气候变化专门委员会（Intergovernmental Panel on Climate Change, IPCC）已先后发布了5次评估报告（即IPCC报告），对于导致全球变暖的原因已给出了明确结论，即全球变暖有90%以上是人类活动造成的，人类活动（特别是燃烧化石燃料）所导致的温室气体排放量的持续增加是罪魁祸首。因此，面对全球气候变化的挑战，必须控制和减少二氧化碳排放量；要大力改变能源结构，大大减少煤炭和石油的使用量，大力发展可再生绿色能源。基于众多模式研究结果，大家将450ppm的大气二氧化碳含量和全球平均增温2℃（相对工业化前）视为阈值，希望全球气候变化能够维持在阈值之内。这是一场环境与利益的博弈。为了不超过气候变化的阈值，保证人类社会的可持续发展，新能源的开发已经十分迫切。而对于新能源的使用，如何实现温室气体的低排放又不造成新的污染是不容忽视的问题。《油砂开采：环境与利益的博弈》《从石油到核电：能源成本大比拼》《"烫手"的可燃冰》等文章就讨论了这些问题。正如《新能源尚未启航》一文中所说，全球能源向可再生能源体系转型的过程可能比我们想象的要漫长得多。

地球气候变化是极其复杂的，就时间尺度而论，主要有年际、年代际、千年及更长时间尺度的变化，不同时间尺度变化间的相互作用会改变气候变化的形态。气候及其变化是大气、海洋、固体地球、生物圈及行星空间运动和变化的共同作用所形成的，在气候变化的不同时期会存在主要的影响因子，但也需要同时注意其他因素的作用。正如IPCC报告所指出的，近百年的全球持续变暖主要是大气中二氧化碳浓度持续增加所导致的温室效应造成的，为了保护我们赖以生存的地球环境，全世界都必须控制和减少二氧化碳的排放。至于本书提出"2036年气候或将灾变"的问题，我们可以将其视为一种警示并加以关注；但是否在2036年真的出现气候灾变，这还有不确定性，需要研究。因为"2036年气候或将灾变"的结论是根据预估的二氧化碳排放量通过气候模型计算得出的，随着全世界对气候变化认识的提高，二氧化碳排放量的减少，就有可能不出现所谓的气候灾变；另一方面，地球气候变化也受到太阳活动等因素的影响，一些俄罗斯学者根据近期及未来太阳活动的变化，认为全球平均气温在2040年左右还会趋于降低。

我国已成为世界上二氧化碳排放的第一大国，无论是从中国还是从全人类的发展来讲，我们都应该坚持"节能减排"国策，保证社会经济的可持续发展。而且，我国还是一个发展中国家，社会经济发展还处于较为粗放的阶段，"节能减排"是必由之路；根据2014年北京大学国家发展研究院能源安全与国家发展研究中心《中国能源体制改革研究报告》中的数据，我国单位GDP

能耗是世界平均水平的1.93倍，美国的2.45倍，德国和法国的3.65倍，日本、英国和意大利的4倍。虽然经过多年的努力，我国的能耗指数已有明显下降，但与先进国家相比仍有差距和进一步降低的空间。总之，中国经济要可持续发展，绝不能再走高消耗、高排放的老路，必须节能减排，大力降低能耗，大力调整产业结构、淘汰落后产业；必须科学利用资源，让有限资源发挥最大效益，构建循环经济体系，变废为宝，使生产智能化、产品原料化；必须使经济与社会和生态环境协调发展，实现经济增长，人民生活富裕，环境舒适美好。

最后，希望通过阅读本书，广大读者能够了解气候变化及其对环境的影响，了解新能源开发的必要性，意识到全球的环境变化已经给人类的生存造成了威胁。气候变化关乎每一个人。尽管很多人没有意识到，但实际上它已经影响到了我们的生活。为了使经济可持续发展，人类社会可持续发展，人们的生活有更好的保障，不但需要国家在这方面投入很多精力，更需要提高全民的环保意识。相信随着我们国家经济的发展，再加上大家共同的努力，尤其是全民环境意识的提高，我们国家的环境工作会取得更好的成果。

李崇银

科学奇迹的见证者

陈宗周

《环球科学》杂志社社长

1845年8月28日，一张名为《科学美国人》的科普小报在美国纽约诞生了。创刊之时，创办者鲁弗斯·波特（Rufus M. Porter）就曾豪迈地放言：当其他时政报和大众报被人遗忘时，我们的刊物仍将保持它的优点与价值。

他说对了，当同时或之后创办的大多数美国报刊都消失得无影无踪时，170岁的《科学美国人》依然青春常驻、风采迷人。

如今，《科学美国人》早已由最初的科普小报变成了印刷精美、内容丰富的月刊，成为全球科普杂志的标杆。到目前为止，它的作者，包括了爱因斯坦、玻尔等150余位诺贝尔奖得主——他们中的大多数是在成为《科学美国人》的作者之后，再摘取了那顶桂冠的。它的无数读者，从爱迪生到比尔·盖茨，都在《科学美国人》这里获得知识与灵感。

从创刊到今天的一个多世纪里，《科学美国人》一直是世界前沿科学的记录者，是一个个科学奇迹的见证者。1877年，爱迪生发明了留声机，当他带着那个人类历史上从未有过的机器怪物在纽约宣传时，他的第一站便选择了《科学美国人》编辑部。爱迪生径直走进编辑部，把机器放在一张办公桌上，然后留声机开始说话了："编辑先生们，你们伏案工作很辛苦，爱迪生先生托我向你们问好！"正在工作的编辑们惊讶得目瞪口呆，手中的笔停在空中，久久不能落下。这一幕，被《科学美国人》记录下来。1877年12月，《科学美国人》刊文，详细介绍了爱迪生的这一伟大发明，留声机从此载入史册。

留声机，不过是《科学美国人》见证的无数科学奇迹和科学发现中的一个例子。

可以简要看看《科学美国人》报道的历史：达尔文发表《物种起源》，《科学美国人》马上跟进，进行了深度报道；莱特兄弟在《科学美国人》编辑的激励下，揭示了他们飞行器的细节，刊物还发表评论并给莱特兄弟颁发银质奖杯，作为对他们飞行距离不断进步的奖励；当"太空时代"开启，《科学美国人》立即浓墨重彩地报道，把人类太空探索的新成果、新思维传播给大众。

今天，科学技术的发展更加迅猛，《科学美国人》的报道因此更加精彩纷呈。新能源汽车、私人航天飞行、光伏发电、干细胞医疗、DNA计算机、家用机器人、"上帝粒子"、量子通信……

《科学美国人》始终把读者带领到科学最前沿，一起见证科学奇迹。

《科学美国人》也将追求科学严谨与科学通俗相结合的传统保持至今并与时俱进。于是，在今天的互联网时代，《科学美国人》及其网站当之无愧地成为报道世界前沿科学、普及科学知识的最权威科普媒体。

科学是无国界的，《科学美国人》也很快传向了全世界。今天，包括中文版在内，《科学美国人》在全球用15种语言出版国际版本。

《科学美国人》在中国的故事同样传奇。这本科普杂志与中国结缘，是杨振宁先生牵线，并得到了党和国家领导人的热心支持。1972年7月1日，在周恩来总理于人民大会堂新疆厅举行的宴请中，杨先生向周总理提出了建议：中国要加强科普工作，《科学美国人》这样的优秀科普刊物，值得引进和翻译。由于中国当时正处于"文革"时期，杨先生的建议6年后才得到落实。1978年，在"全国科学大会"召开前夕，《科学美国人》杂志中文版开始试刊。1979年，《科学美国人》中文版正式出版。《科学美国人》引入中国，还得到了时任副总理的邓小平以及时任国家科委主任的方毅（后担任副总理）的支持。一本科普刊物在中国受到如此高度的关注，体现了国家对科普工作的重视，同时，也反映出刊物本身的科学魅力。

如今，《科学美国人》在中国的传奇故事仍在续写。作为《科学美国人》在中国的版权合作方，《环球科学》杂志在新时期下，充分利用互联网时代全新的通信、翻译与编辑手段，让《科学美国人》的中文内容更贴近今天读者的需求，更广泛地接触到普通大众，迅速成为了中国影响力最大的科普期刊之一。

《科学美国人》的特色与风格十分鲜明。它刊出的文章，大多由工作在科学最前沿的科学家撰写，他们在写作过程中会与具有科学敏感性和科普传播经验的科学编辑进行反复讨论。科学家与科学编辑之间充分交流，有时还有科学作家与科学记者加入写作团队，这样的科普创作过程，保证了文章能够真实、准确地报道科学前沿，同时也让读者大众阅读时兴趣盎然，激发起他们对科学的关注与热爱。这种追求科学前沿性、严谨性与科学通俗性、普及性相结合的办刊特色，使《科学美国人》在科学家和大众中都赢得了巨大声誉。

《科学美国人》的风格也很引人注目。以英文版语言风格为例，所刊文章语言规范、严谨，但又生动、活泼、甚至不乏幽默，并且反映了当代英语的发展与变化。由于《科学美国人》反映了最新的科学知识，又反映了规范、新鲜的英语，因而它的内容常常被美国针对外国留学生的英语水平考试选作试题，近年有时也出现在中国全国性的英语考试试题中。

《环球科学》创刊后，很注意保持《科学美国人》的特色与风格，并根据中国读者的需求有所创新，同样受到了广泛欢迎，有些内容还被选入国家考试的试题。

为了让更多中国读者了解世界科学的最新进展与成就、开阔科学视野、提升科学素养与创新能力，《环球科学》杂志社和外语教学与研究出版社展开合作，编辑出版能反映科学前沿动态和最新科学思维、科学方法与科学理念的"《科学美国人》精选系列"丛书，包括"科学最前沿"（共7册）、"专栏作家文集"（共4册）、《不可思议的科技史》《再稀奇古怪的问题也有个科学答案》《生机无限：医学2.0》《快乐从何而来》《2036，气候或将灾变》和《改变世界的非凡发现》等。

丛书内容精选自近几年《环球科学》刊载的文章，按主题划分，结集出版。这些主题汇总起来，构成了今天世界科学的全貌。

丛书的特色与风格也正如《环球科学》和《科学美国人》一样，中国读者不仅能从中了解科学前沿和最新的科学理念，还能受到科学大师的思想启迪与精神感染，并了解世界最顶尖的科学记者与撰稿人如何报道科学进展与事件。

在我们努力建设创新型国家的今天，编辑出版"《科学美国人》精选系列"丛书，无疑具有很重要的意义。展望未来，我们希望，在《环球科学》以及这些丛书的读者中，能出现像爱因斯坦那样的科学家、爱迪生那样的发明家、比尔·盖茨那样的科技企业家。我们相信，我们的读者会创造出无数的科学奇迹。

未来中国，一切皆有可能。

目录

为了防止水母、真菌和其他生物突然侵袭健康的栖息地，科学家正在探索食物网及其发生彻底转变的临界点。

贝龙被人们称为"现代达尔文"，他发现的珊瑚品种占世界已知品种的20%还多。现在，他正不遗余力地向人们宣传，珊瑚礁正处在超乎想象的危险之中。

科学家发现，早前许多湿地恢复项目失败，是因为他们将目标定位于全面恢复生态系统。最近科学家调整策略，并取得了成功——他们将重点放在一两个有限的目标上，其他则顺其自然。

能源、水和食物的短缺，都是我们正在面对的问题。许多国家和地区试图将这三者分开来解决，但是，面对这样的难题，整合资源与产业或许才是更好的出路。

如果我们能克服心理上的反感，处理后的污水或许可以成为最安全，也是最环保的自来水水源。

冰川崩解，涌向大海，速度比所有模型预测的更快。科学家正全力以赴，弄清南极大陆冰架消融的速度及其对海平面升高的影响。

我们对地球的影响有多深远？

石油越来越难开采，这意味着其价格也会越来越高，未来该投资什么能源的决策将非常关键。

甲烷水合物是解决世界能源危机的"妙方"，还是加速全球变暖的"毒药"？

全球能源向可再生能源体系转型的过程，可能比我们想象的要漫长得多。

食物网即将洗牌

为了防止水母、真菌和其他生物突然侵袭健康的栖息地，科学家正在探索食物网及其发生彻底转变的临界点。

撰文 / 卡尔·齐默（Carl Zimmer）

翻译 / 冉隆华

精彩速览

食物网是复杂的，但是数学模型可以揭示其中的关键联系。如果这些联系受到干扰，就会导致食物网转变为另外的状态，甚至崩溃。

一旦食物网发生彻底转变，往往不可能恢复到原来的状态。在美国密歇根州与威斯康星州交界附近的彼得湖和保罗湖进行的实验表明，模型可以在剧变发生前做出预测，让生态学家有机会改变一个生态系统，并把它从崩溃的边缘拉回来。

卡尔·齐默经常为《纽约时报》供稿，他还是十几本书的作者或合著者，其中包括与生物学家道格拉斯·埃姆仑（Douglas J. Emlen）合著的教科书——《进化：理解生命》（*Evolution: Making Sense of Life*）。

在美国密歇根州与威斯康星州的交界处附近，有一片枫树林，林子深处隐藏着彼得湖。2008年7月的一天，美国威斯康星大学麦迪逊分校的生态学家斯蒂芬·卡彭特（Stephen Carpenter）和一些同事、研究生，带着一些鱼来到了彼得湖。他们把12条安装了传感器的黑鲈放入湖中，就打道回府了。而那些传感器会全天候工作，每隔5分钟测量一次湖水的清澈度。

2009年，科学家又去了彼得湖两次，每次都向彼得湖投放15条黑鲈。几个月过去，彼得湖经历了季节轮回——湖水结冰然后又解冻，生命再次繁盛。到了2010年夏天，彼得湖发生了巨大的变化。科学家开始观测之前，彼得湖盛产黑头呆鱼、驼背鳞鳃太阳鱼和其他小鱼。然而，这些曾经占主导地位的捕食者现在变得数量稀少，主要原因是它们被黑鲈吃掉了，只有少数幸存者躲藏在浅滩里。而水蚤和其他小动物则蓬勃发展——它们曾是黑头呆鱼、驼背鳞鳃太阳鱼等鱼类的美食。因为水蚤这些小动物以藻类为食，湖水变得越来越清澈。两年后，彼得湖的生态系统依然保持着改变后的状态。

彼得湖的食物网已经彻底转变，从存在了很久的格局变为新格局。卡彭特有意促成了这种转变，这是实验的一个部分，他和同事的目的在于确定哪些因素会使捕食者与被捕食者的食物网发生永久变化。近几十年来，世界各地的食物网也在更大的尺度上发生着出人意料的转变。现在，水母在纳米比亚海岸水域占据主导地位；饥饿的蜗牛和真菌在美国北卡罗来纳州海岸湿地泛滥蔓延，导致湿地生态崩溃；在西北大西洋，龙虾大量增殖，而鳕鱼急剧减少。

　　不论是捕鱼、把土地变成农场和城市，还是让全球变暖，人类正通过各种方式，给自然生态系统施加着巨大的压力。因此，生态学家预计，未来几年里，更多的食物网将发生彻底转变。然而，预测这些突然转变绝非易事，因为食物网的复杂程度是惊人的。

　　这就是卡彭特的用武之地。卡彭特及其同事利用彼得湖30年的生态研究成果，开发了生态网络的数学模型，从而能够在食物网发生彻底转变之前15个月获得早期预警信号。卡彭特说："我们可以提前很长时间看到转变。"

　　借助这些模型，卡彭特和其他科学家开始探寻一些决定着一个食物网是保持稳定，还是超过临界点，继而发生重大变化的规则。他们希望利用这些知识监测生态系统的状态，从而识别那些有着崩溃危险的系统。理想的情况是，早期预警系统会告诉我们，人类应该在何时收敛某些行为，以免把生态系统推向崩溃的边缘，甚至还能让我们把处于崩溃边缘的生态系统挽救回来。科学家认为，预防是关键，因为生态系统一旦越过临界点，再想恢复就异常困难了。

建立食物网模型

　　卡彭特的工作建立在对过去一个世纪的基础研究之上，以前的生态学家做这些研究，都是试图回答一个简单的问题：为什么不同物种的种群数量会是现在这个样子？例如，为什么苍蝇这么多，而狼这么少？为什么在不同的年份，苍蝇的种群数量变化很大？为了找到答案，生态学家开始绘制食物网，标明谁吃谁，每个捕食者吃多少。然而，食物网可以包含几十、几百甚至几千个物种，最后绘制出来的图表，往往会变得混乱不堪。

　　为了理清这种混乱状况，生态学家把食物网转换为数学模型。他们写出了一个方程来描述物种的生长，把一个物种的繁殖率，与该物种能获得多少食物，以及被其他生物吃掉的概率联系起来。由于所有变量都会变化，即使是求解描述简单食物网的方程都非常棘手。幸运的是，最近便宜、运算速度又快的电脑问世，这让生态学家可以

食物网的运行机理

鲨鱼越少，扇贝越少

对食物网自下而上的结构进行了几十年的思考后，研究人员发现，顶端捕食者直接或间接地控制着食物网。现在，加拿大不列颠哥伦比亚省维多利亚大学的朱莉娅·鲍姆（Julia Baum）等人进行的一项研究表明，过度捕捞美国东部海岸的大鲨鱼（蓝色），中级捕食者（绿色）特别是牛鼻鲼的数量就会急剧增加。而牛鼻鲼增多，又会破坏某些贝类种群（黄色），特别是海湾扇贝。鲨鱼捕捞禁令可以恢复鲨鱼种群，抑制牛鼻鲼激增，使扇贝再次繁荣兴盛。

■ 大鲨鱼（顶端捕食者）
■ 其他鲨鱼、鳐和鲼（中级捕食者）
□ 猎物（商业目的）
◌ 初始种群规模
◎ 35 年后种群规模变小
◯ 35 年后种群规模变大
▬ 大量捕食
┄ 适当捕食
─ 少量捕食

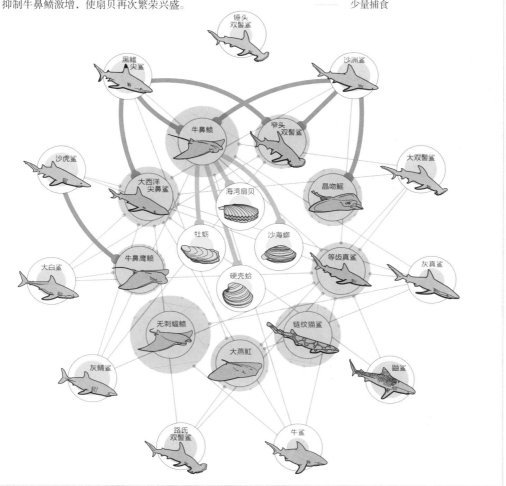

意外减少：赶走美国黄石国家公园的灰狼使麋鹿繁荣兴盛，麋鹿以柳树叶和白杨树叶为食，结果，许多柳树和白杨树死亡。

模拟许多不同类型的生态系统。

根据这项研究，生态学家发现了在真实食物网中发挥作用的一些关键原则。例如，大多数食物网都是由许多弱关联构成的，而不是由少数强关联构成。如果两个物种互动很多，它们就属于强关联，如一种捕食者始终只大量捕食单一猎物。弱关联物种偶尔互动，如一种捕食者时常捕食许多种猎物。食物网里可能是许多弱关联占主导地位，长期而言，这种格局更稳定。一种捕食者能够捕食几种猎物，一种猎物灭绝了，捕食者还能生存下来。当某种猎物变得稀少的时候，如果捕食者能够转向捕食另一种比较容易发现的猎物，那么前一种猎物的数量就容易恢复。因此，弱关联能防止一个物种被赶尽杀绝。加拿大安大略省圭尔夫大学的生态学家凯文·麦卡恩（Kevin S. McCann）说："这种现象会一次又一次地发生。"

数学模型还揭示了食物网中的薄弱环节，这些环节发生微小变化就会致使整个生态系统发生巨大变化。例如在20世纪60年代，理论生态学家认为，食物网顶端的捕食者对其他物种的种群大小具有惊人的控制力，包括顶端捕食者不直接攻击的物种。在一个生态系统中，一小部分物种对系统有着自上而下的控制力，这种观点曾颇受怀疑。几种顶端捕食者对食物网的其余部分具有如此重大的影响，这种情况确实很难想象。

但是，我们人类开展了一场没有计划的"实验"，无意中验证了上述观点。在海洋里，我们对鳕鱼等顶端捕食者进行产业规模的捕捞；在陆地上，我们杀光狼等大型食肉动物；我们向岛屿引进老鼠等入侵物种，对自然生态系统带来其他种种冲击。这些行动的结果证实了捕食者的关键作用，以及它们对食物链从上到下的级联效应。

生态学家认识到，正如预测的那样，某些捕食者的变化对食物网具有重大影响。捕杀美国黄石国家公园周围的狼，导致麋鹿等草食动物繁荣兴盛。麋鹿采食柳树叶和白杨树叶，导致许多柳树和白杨树死亡。同样，在美国东海岸外，虽然渔民连一只牡蛎或扇贝也没有捕捉，但他们还是毁灭了牡蛎和扇贝种群。原因在于，他们大量捕杀鲨鱼，鲨鱼所捕食的较小鱼类得以繁荣生长。例如，牛鼻鲼种群急剧增长。牛鼻鲼捕食海底贝类，结果导致牡蛎和扇贝种群崩溃。

灾难性转变

许多食物网的根本转变令生态学家惊奇不已。生态学家已经意识到，预测食物网大幅变化的时间非常重要，因为巨变一旦发生，常常不可逆转，食物网要恢复到原来的状态非常困难。加拿大不列颠哥伦比亚大学的生态学家维利·克里斯滕森（Villy Christensen）说："恢复原状的确困难。"

20世纪90年代初，大西洋西北部鳕鱼渔业崩溃。鳕鱼是一种贪婪的捕食者，随着鳕鱼的消失，其猎物鲱鱼、细鳞胡瓜鱼、小龙虾和雪蟹繁荣兴盛。为了恢复鳕鱼种群，管理人员提出了更严格的鳕鱼捕捞限制措施，甚至完全禁止捕捞鳕鱼。他们使用的数学模型表明，如果不干扰鳕鱼，它们将能够产下足够的卵，生长足够迅速，从而重建种群。

加拿大贝德福德海洋学研究院渔业与海洋研究所的科学家肯尼思·弗兰克（Kenneth Frank）从事新斯科舍和纽芬兰沿岸鳕鱼业的研究，当时他说："据预测，鳕鱼种群的恢复时间大约是5～6年。"然而，这些预测是错误的。即使6年后，鳕鱼仍然没有恢复的迹象。相反，鳕鱼的种群数量比崩溃时还下降了几个百分点。

弗兰克及其同事现在找到了原因：最初的估计仅仅考虑了鳕鱼繁殖的速度，而没有考虑整个食物网的构成情况。成年鳕鱼以鲱鱼、细鳞胡瓜鱼和其他猎物（统称为饵料鱼）为食。反过来，饵料鱼捕食浮游动物这类小动物，包括鳕鱼的卵和幼鱼。

在过度捕捞鳕鱼之前，鳕鱼一直制约着饵料鱼，使其不能吃掉足够多的鳕鱼卵和幼鱼，因此不会削减鳕鱼的种群数量。当然，一旦人类捕食鳕鱼种群，格局就变了。饵料鱼繁荣兴盛，吞吃相当部分的幼小鳕鱼。即使人类不捕捞鳕鱼，它们也无力恢复。

2012年，弗兰克及其同事才看到鳕鱼复苏的迹象。鳕鱼种群数量下降到崩溃前1％的水平后，近年才恢复到30％的水平。弗兰克说，问题的关键是，饵料鱼猛增到这么高的水平，其食物供应已不足，因而饵料鱼种群开始崩溃。现在，饵料鱼种群已经下降，鳕鱼卵和幼鱼有更大的机会活到成年。如果鳕鱼种群可以恢复到原来的水平，将使饵料鱼种群再次减少。弗兰克说："这就是它们发展的轨迹，但也有很多意外，因为生态系统太复杂了。"

世界各地的食物网都将继续发生转变。除了狩猎和捕捞之外，也有其他方面的原因。例如，蓑鲉（也称狮子鱼）原产于太平洋，在美国它们成了流行的宠物，但是美国东海岸的宠物主人厌倦了它们，开始把它们倒入大西洋，现在，它们威胁着加勒比海珊瑚礁。蓑鲉吃掉那么多小猎物物种，因此生态学家预测，蓑鲉将战胜包括鲨鱼在内的本地捕食者，使它们的种群数量减少。

在某些情况下，气候变化也会改变捕食者及其猎物的分布范围，从而改变食物网。不管是什么因素触动食物网变化，它们都可能推动生态系统超过关键的临界点。如果这些生态系统发生了灾难性的转变，恢复原状就非常困难了。

早期预警

一些科学家说，防止食物网发生转变，这是比恢复那些已经发生彻底转变的食物网更有效的策略。他们认为，生态预防与生态修复相比，可谓事半功倍。卡彭特及其同事一直在开发早期预警系统，这些系统可以揭示生态剧变发生的时间，并指导人们如何使生态系统从临界点恢复过来。

卡彭特说："生态学家以前总是认为，这些东西完全不可预测。"因此在8年前，卡彭特及其同事开始创建可以描述生态系统运行机理的方程。这些方程包括很多变量因素，如物种繁殖速率、物种相互捕食速率等。这些方程模拟的生态系统模型如果达到一个临界点，会突然转换到一个新状态，就像实际生态系统发生变化一样。

科学家还可以看到，在虚拟生态系统突然改变之前那些微妙而独特的长期变动情况——如同遥远的雷声预示着风暴即将来临，生态变化也存在这种现象。例如，当生态系统受到温度的突然变化或疫情爆发等因素的影响时，就可能形成一种新的格局，需要花费比平时更长的时间才能恢复到正常状态。荷兰瓦赫宁恩大学的生态学家马滕·斯海弗（Marten Scheffer）曾与卡彭特合作开发早期预警系统，他说："生态系统离临界点越近，从扰动状态复原就越慢。"

斯海弗、卡彭特及其同事正在开展一系列实验，测试他们的模型。一些实验在严格控制的实验室里进行。卡彭特及其同事在彼得湖的实验是他们第一次在自然生态系统里测试早期预警系统。从放鱼开始，科学家就每天记录彼得湖里的浮游动物、浮游植物和鱼类的情况。他们还监测附近的保罗湖。保罗湖面积与彼得湖相近，但没有进行过人为操控。因此可以推测，如果这两个湖中发生同样的变化，则完全是因为气候因素的影响，而不同的变化则是人为操控的结果。2009年夏天，科学家开始看到彼得湖的叶绿素含量急速上升和下降。彼得湖的急剧变化与卡彭特模型模拟的生态系统巨变类型吻合。与此同时，保罗湖没有发生任何这类变化。

卡彭特及其同事希望开发监测系统，发现类似的具有指示作用的变动信号，预测湿地、森林、海洋等其他生态系统即将发生的变化。斯海弗说："这涉及许多棘手问题，但它确实管用。"当然，科学家的目标是想要了解，我们什么时候会把生态系统推到崩溃的边缘，这样我们就可以停止施加影响。为了验证这个想法，卡彭特再次人为操控彼得湖。这次不是增加顶端捕食者，而是施肥，这可能导致藻类繁荣兴盛。这种相反的效果也将引起整个湖泊生态系统发生变化。

卡彭特预计，一些较大的鱼类种群——包括黑鲈种群会因此而崩溃，然后保持在不可逆转的低水平。他还预计，可以提前数月获得变化的预警信号，这些信号会以叶绿素水平波动和其他微妙的模式出现。一旦看到这些迹象，卡彭特就会停止施肥。如果他是正确的，生态系统将恢复正常状态，而不是发生彻底转变。为便于比较，他将同时在附近的丘日得湖施用肥料，但当彼得湖停止施肥时，丘日得湖会继续施肥。保罗湖作为对照组，不做处理。

卡彭特对他正在开发的早期预警系统持乐观态度，这个系统不仅适用于孤立的湖泊，也适用于任何生态系统，因为生态网络的组织是有序的。然而，这些成功并不意味着肯定能够预测巨变。卡彭特及其同事已经开发出的方程式表明，一些干扰会非常剧烈、迅速，使得生态学家没有时间注意到麻烦正在来临。卡彭特说："意外将继续出现，尽管早期预警系统确实有可能预见一些意外情况发生。"

扩展阅读

Human Involvement in Food Webs. Donald R. Strong and Kenneth T. Frank in Annual Review of Environment and Resources, Vol. 35, pages 1–23; November 2010.

Trophic Cascades: Predators, Prey, and the Changing Dynamics of Nature. Edited by John Terborgh and James A. Estes. Island Press, 2010.

Food Webs. Kevin S. McCann. Princeton University Press, 2011.

珊瑚的悲伤

贝龙（J.E.N.Veron）被人们称为"现代达尔文"，他发现的珊瑚品种占世界已知品种的20%还多。现在，他正不遗余力地向人们宣传，珊瑚礁正处在超乎想象的危险之中。

撰文／伊恩·麦克考门（Iain McCalman）

翻译／何唐天

精彩速览

贝龙将大半生的时间都花费在了研究珊瑚上，他考查了全球各地的珊瑚，发现了珊瑚数百万年来进化的秘密。

他还发现，气候变化造成的全球变暖和海洋酸化是威胁珊瑚，致使其白化和死亡的元凶。

贝龙希望，他的珊瑚故事可以在人群中传播开来，让更多的人了解珊瑚的处境，这可能是挽救珊瑚命运的唯一方法。

哈迪礁（Hardy Reef）的名字中有"坚强"（Hardy）这个词，但这并没起到什么作用，现在，哈迪礁和大堡礁的其他珊瑚礁一样，正饱受过高的海洋温度和酸度的摧残。

伊恩·麦克考门是澳大利亚悉尼大学的历史教授，他是英国皇家历史学会的会员，也是《达尔文的战舰》（*Darwin's Armada*）和《卡廖斯特罗伯爵之七个考验》（*The Seven Ordeals of Count Cagllostro*）这两本书的作者。本文改编自麦克考门的新作《珊瑚礁：一个激昂的故事》（*The Reef: A Passionate History*）。

　　2009年7月6日，戴维·阿滕伯勒（David Attenborough）先生，一位享有盛名的博物学者，站在英国皇家学会的讲台上，准备介绍当天下午的演讲者。听众们翘首以盼，希望这场名为《大堡礁将死？》（*Is the Great Barrier Reef on Death Row?*）的演讲尽快开始。接着，阿滕伯勒开始介绍演讲者贝龙。贝龙曾是澳大利亚海洋科学研究所的首席科学家，今年已经64岁了。"但是，"阿滕伯勒满面笑容地说，"我喜欢称他为'查利'（Charlie，与达尔文的名相似），因为他和查尔斯·达尔文（Charles Darwin）先生一样，都痴迷于自然世界。"无需过多的解释，我们知道接下来将会聆听到一场由"现代达尔文"带来的精彩演讲。

　　演讲厅里，许多科学家都十分清楚，今天的这位演讲者，与英国皇家学会有史以来最伟大的科学家达尔文，有着惊人的相似之处和共通的学术造诣。贝龙的所有朋友也十分清楚，他是全球知名的科学家，继承了达尔文所拥有的强烈的独立性，无法遏制的好奇心，以及对大自然的热爱。阿滕伯勒这样介绍，贝龙是全球最伟大的珊瑚与珊瑚礁的学术权威，他发现并报道过的珊瑚品种，占世界已知品种的20%以上——珊瑚是一种体型十分微小，却能形成碳酸钙骨骼，并群聚在一起形成大型群体的无脊椎动物。另外，贝龙还制作了全世界最权威的珊瑚目录。接着，阿滕伯勒略带伤感地说，但是今天贝龙讲述的主题将完全不同：他将告诉我们，其实，珊瑚礁是揭示人类活动对气候造成复杂影响的关键。也许贝龙能回答那个困扰我们多年的问题——珊瑚礁能否告诉我们，我们的未来会比现在料想的更糟糕吗？

一阵掌声之后，贝龙缓缓走向演讲台。他身材瘦长结实、皮肤黝黑，穿着红色衬衣和深色夹克。他用略带沙哑的澳大利亚口音向阿滕伯勒致谢，并开始为台下满心期盼的听众们介绍，为什么大堡礁——世界上最大的珊瑚礁群，会出现在澳大利亚东北部近海，为什么世界上所有的珊瑚礁，都有可能在很短（相当于现场最年轻听众的年龄）的时间跨度内大规模消失。

贝龙曾于2008年出版《珊瑚礁的时间史：大堡礁从开始到结束》（*A Reef in Time: The Great Barrier Reef from Beginning to End*）一书，看过这本书的细心观众会发现，一个曾经十分喜于描写珊瑚礁的人在演讲主题和语气上的变化。40年来，贝龙曾为大堡礁拥有的惊人的多样性和复杂性欢呼雀跃。然而现在，听众们却只能听到，他把全部的精力和激情用来向人们讲述一个忧伤的、关于珊瑚礁末日的预言。十分明显，听众们都可以感受到，贝龙多么希望他的预言不会成真。为了挽回珊瑚礁的命运，他必须耐着性子回答怀疑者的问题：你怎么知道珊瑚会灭绝？接着，还有一个非常"尖酸"的问题：为什么我们要在乎那些珊瑚？

悲伤铸就的悲伤

实际上，贝龙对珊瑚命运的关注，源于一个让他追逐了多年的问题——为什么在不同的地点，相同品种的珊瑚会存在差异。为了搞明白这个问题，他横穿了浩瀚的印度洋和太平洋，遍历了全球数百个珊瑚礁。他潜入多个海区，收集珊瑚样品。在日本、菲律宾、印度尼西亚、科科斯（基灵）群岛，以及遥远的桑给巴尔岛和偏僻的东太平洋克利珀顿环礁，都留下了他的身影。他一般都同当地居民一同乘船去那些地方，然后下潜到海水中进行观测和记录，常常一待就是几个小时。经过大量的调查考证，贝龙发现，经历了地质学上的时间跨度之后，珊瑚混杂在一起，产生了新的变种；以前的变种之间也有各种联系，甚至"胡乱"杂交。

在研究珊瑚多样性和进化的过程中，一个沉重的、若隐若现的问题一直在贝龙的脑海中盘旋，挥之不去，那就是他对珊瑚命运的担忧。他的担忧不仅源自于他的研究对象，也源自于他家庭生活中的一个悲剧。在他漫长的研究当中，这个家庭悲剧让他越来越清楚地意识到，珊瑚正在面临死亡。在这一点上贝龙也很像达尔文，当年达尔文也是在忍受着精神折磨并顶着国内压力的情况下，完成了他的进化论。1980年4月的一天，正在香港进行研究的贝龙接到了妻子柯丝蒂（Kirsty）的电话。电话里，妻子的声音充满了恐惧，她告诉贝龙，他们10岁大的女儿诺尼（Noni）在溪流里与小朋友玩耍时，不幸溺水身亡了。悲伤压得这对痛失爱女的夫妇喘不过气来。虽然他们仍旧支持着对方，但是最后还是选择了离婚。

从那以后，贝龙深切地感受到世事无常、生命脆弱。在进行珊瑚研究时，他也常常有这种感觉。1995年，在他出版《珊瑚时空》（Corals in Space and Time）一书时这种情绪达到了顶点。为了完成这本著作，他调查了世界各地珊瑚过去和现在的命运，分析了早先一些珊瑚礁消失的原因，并收集到大量证据，来阐述海平面上升、气候变暖、棘冠海星入侵、人类影响导致海水富营养化等因素对珊瑚生存的影响。调查越深入，贝龙对大堡礁和世界各地珊瑚礁未来命运的担忧就越强烈。

有意思的是，这本书也成了贝龙的"媒人"，促成了他与玛丽·斯塔福德－史密斯（Mary Stafford-Smith，编辑本书的科学家，后来成了贝龙的另一半）的浪漫关系。《珊瑚时空》出版后，贝龙和斯塔福德－史密斯开始讨论接下来再出版一本适合普通大众阅读、印刷精美的大型珊瑚画册。"我们想把多彩的珊瑚世界呈现给广大的读者，让他们意识到保护珊瑚的紧迫性和重要性。"贝龙对听众说。可以说，这也是一种"曲线救国"，可以赢得更多人对珊瑚的关注和关心。为了完成这项工作，大约有70位水下摄影师免费提供了他们的作品，插画家杰夫·凯莉（Geoff Kelly）也提供了精致的画作，而贝龙则完成了大部分百科全书式的文字说明。2000年10月，三册《世界珊瑚志》（Corals of the World）亮相巴厘岛，为正在那里举行的国际珊瑚礁研讨会增添了一抹亮彩，赢得了一片赞扬。珊瑚礁正深陷危机，呈现退化趋势的信息也就此传播开来，全球警报级别也就此提升。

作为一位自然保护主义者，20世纪70年代，贝龙曾为棘冠海星对珊瑚礁造成的严重破坏而忧心（棘冠海星是珊瑚的天敌）。他深信是因为人类对棘冠海星的天敌的过度捕捞，才导致棘冠海星数量增加，另外，海水洋流中的棘冠海星幼体，也由于人类导致的化学污染而快速生长。不过，最令他生气的不是这些，而是旅游开发商和官员等既得利益者对此事的处理方式，以及政府部门的畏缩表现——他们故意为科学家继续研究这些问题设下重重障碍，这使得许多科学家无法研究自己热衷的课题并追寻答案。这种情况现在很普遍，而在那个年代，还只有一点苗头。

珊瑚的惨剧

曾经，贝龙和许多同时代的人一样，认为"海洋浩瀚无穷，海洋世界坚不可摧"，广阔的大堡礁海洋公园也是如此。但其实，作为珊瑚多样性的发源地，印度洋－太平洋中部因为缺乏合法的保护，情况一直让人担忧。贝龙的潜水员朋友曾多次邀请他去考察印度尼西亚东部连绵壮观的珊瑚礁。可是，当20世纪90年代他到那里时，一切都太迟了，曾经绵延千里的珊瑚礁，已经变成了一堆惨不忍睹的杂乱碎石。

20世纪80年代初，贝龙在离大堡礁棕榈岛不远的地方第一次见到珊瑚白化。他将那一小丛白色的珊瑚骨骼拍了下来，留作纪念。"但紧接着我看到了一场大规模的珊瑚白化事件……所有东西都变白了，死了。有时只剩下了能够快速生长的枝状珊瑚，其他珊瑚则很难看到，甚至那些已经存活了四五百年的珊瑚也都死了。"

第一次有记录的全球大规模珊瑚白化现象发生在1981～1982年。第二次则发生于1997～1998年，那次事件波及50多个国家的珊瑚礁，甚至包括阿拉伯海的热带珊瑚。而在大堡礁，发生白化事件的时候，也正好是海水温度最高的时候。2001～2002年，全球又发生了一次规模更为庞大的珊瑚白化事件。科学家发现这一次珊瑚白化事件与厄尔尼诺的气候周期有着紧密的联系。灾难性的全球变暖已经开始，而对温度和光线有着独特敏感性的珊瑚，正在向科学家发出警告。

贝龙的研究表明，在厄尔尼诺气候周期中，由于温室气体引发全球变暖，大堡礁潟湖的表层海水上升到了罕见的温度，并在西太平洋暖池（Western Pacific Warm Pool）海水的带动下，流向礁区内脆弱的活珊瑚。当珊瑚暴露在比它们生长所能承受的极限温度（大堡礁珊瑚品种的生长极限温度是31℃）还高2～3℃的环境中，同时太阳辐射还不断增强时，珊瑚也就危在旦夕了。此时，原本通过光合作用为珊瑚提供颜色与食物的共生藻，将释放出大量氧气，对珊瑚产生毒害效应。因而，珊瑚不得不将这些共生藻排出，否则就会死亡。那些一丛又一丛裸露的、白骨般的珊瑚礁就是这一过程的结果。

当水温恢复正常、水质仍保持良好时，这些受损的珊瑚还可以恢复过来。只是现在白化爆发的频率和强度越来越大，死亡的珊瑚越来越多，珊瑚礁也被破坏得越来越严重。贝龙预计，西太平洋暖池的扩大和加深，意味着"对珊瑚而言，每年都可能是厄尔尼诺年"。

沉重的未来

贝龙希望，可以找到一些未知品系的共生藻，能更好地适应这个过热的世界，并最终与珊瑚形成共生关系；或者找到像鹿角珊瑚这样快速生长的物种，生长速度能胜过白化速度；或者那些生长在深水礁坡或大洋深处的珊瑚能够存活下来，这样就可为未来珊瑚礁的重建提供种源。

但是，全球变暖并不是珊瑚面临的唯一挑战，还有一些因素也在起破坏作用，并且这些因素无法靠人力中止。贝龙指出，珊瑚礁就像大自然的"档案"，它们是复杂的"数据库"，记录着数百万年来的环境变化。同时，珊瑚化石上还记录着地质时期的大灭绝事件，以及事件的起因。这些记录告诉我们，在历史上的5次珊瑚礁大规模消失中，有4次都与碳循环有关。事实上，海水会吸收两种主要的温室气体——二氧化碳和甲烷，这两种气体进入海水后，会使海水酸化，改变海洋的化学环境，进而导致珊瑚礁的消失。

今天，威胁珊瑚礁生存的罪魁祸首仍是这两种气体，只是使其含量增加的原因，不再是之前的陨石撞击或火山爆发，而是人类正在以前所未有的速度向大气中排放这些气体。地球上这类气体的常规吸收者——海洋为了吸收并通过化学作用处理这类气体，其吸纳能力目前已消耗了三分之一。在很久以前，海洋酸化进程就已经无声无息，却又势不可挡地开始了。这预示着在遥远的未来，地球生物将再次经历一场浩劫。可能最早到2050年，我们将看到珊瑚骨骼溶解在海水中。而碳酸盐岩石，包括礁体，将像贝龙描述的那样，"像一块巨大的抗酸药片一样"开始溶解。

南大洋食物网的关键因子——浮游植物（磷虾的食物），同样会受海洋酸化的影响。这一切将导致什么后果呢？也许地球上第六次大灭绝事件就要来了。

贝龙，这位大半生工作、生活在大堡礁上的科学家，突然发现自己处于一个令人痛苦的位置上：他将会成为大堡礁悲剧命运的预言者。难怪他会觉得"非常非常沮丧"。用贝龙的话来说，"因为这一过程是真实的，悲剧日复一日，每天都在发生，而我也日复一日地研究着它。这就像看见一座房子以非常慢的速度着火了……而我却只能看着，无能为力。"

肃静的演讲厅中，坐满了科学家和市民，相比贝龙在2009年7月的那次演讲，今天的讲话更令人感到沉痛。最后，他将稿子丢在一边，用沙哑、颤抖的声音向观众道歉，抱歉给他们带来了一场如此痛苦的演讲，但他希望观众们回去之后，可以想想他今天所讲的话。

"发挥你们的影响力吧！"他恳求道，"为了地球的未来，用你们的影响力让这个故事传播开来。这不是一个童话故事，这是一个真真切切的事实！"

扩展阅读

Corals of the World. J.E.N. Veron. Australian Institute of Marine Sciences, 2000.
Great Barrier Reef Marine Park Authority: www.gbrmpa.gov.au

让大自然修复湿地

科学家发现，早前许多湿地恢复项目失败，是因为他们将目标定位于全面恢复生态系统。最近科学家调整策略，并取得了成功——他们将重点放在一两个有限的目标上，其他则顺其自然。

撰文 / 约翰·凯里（John Carey）

翻译 / 刘丛

审校 / 刘贵华

---|精彩速览|---

在美国乃至全球，湿地正以惊人的速度不断消失。

大量的湿地恢复工程都旨在尝试全面恢复湿地生态系统，但往往以失败告终，导致数百万美元的经费被白白浪费。

最近，科学家开始调整策略，认为应该首先恢复一两个重要的生态目标，比如鱼类种群恢复或改善水质，其他的则交由大自然自己来恢复。在美国和世界其他地方，越来越多的湿地恢复项目因为遵循这一原则而取得成功。

美国特拉华海湾：湿地恢复项目工程师改造了淡水河道，河水流进支离破碎的盐沼泽地后，鱼儿不断繁衍，在大自然的作用下，原本已经濒临死亡的植物开始重焕生机，变得健康茂密。

约翰·凯里曾是美国《商业周刊》（*BusinessWeek*）资深记者，目前是能源和环境领域的自由撰稿人。《环球科学》2012年第12期也曾刊登他的文章《全球变暖：灾难程序已启动》。

在美国威斯康星大学麦迪逊分校的植物园中，乔伊·泽德勒（Joy Zedler）设计了3块相同的湿地用来做实验。乔伊让施工队在绿地上挖出3块面积相同的地基，每块的面积都是295英尺长，15英尺宽（1英尺≈0.305米）。然后让负责这项工程的承包商在3块地基上种植相同的植物，以研究植被如何吸收和净化暴雨径流（指由暴雨产生的水流）。

泽德勒的研究团队先从实验地前面的池塘中向3块实验地分别引入等量的水。然后，他们检测这些水在流入实验地前和流出之后的养分，土壤的稳定性、吸水率，以及植物的生长情况和多样性等指标的情况。研究人员预计，3块湿地的上述指标并不会有明显差异。

这项研究受到的关注，比一般的大学研究项目都高。在麦迪逊市，暴雨后，大量雨水会从城市流出，进入邻近的温格拉湖。由于雨水中含有高浓度的氮、磷等营养元素，温格拉湖的水质正变得越来越差。因此，麦迪逊市政府对如何利用湿地，减少并净化暴雨径流非常感兴趣。另外，随着近年来湿地在全球范围内以惊人的速度消失，如何最大限度地发挥湿地在减轻洪灾损失、提高生物多样性方面的生态系统服务（指人类生存与发展所需要的资源归根结底都来源于自然生态系统）价值，已经变得越来越紧迫。作为威斯康星大学的植物学和恢复生态学教授，泽德勒希望，这个实验能为此带来一些启示。

3年后，研究人员发现，情况与他们预想的完全不同。泽德勒说："结果完全超出了我们的想象。"研究人员本来认为，这3个间隔仅有3英尺的人工湿地，情况应该都差不多。然而，实际情况是，在一个湿地中，香蒲成为了优势物种，而在另外两个湿地中，却生长了多达29种植物。另外，虽然长满香蒲的湿地能提供更多的植物材料，但在其他方面却表现不佳，既不能减缓洪水流速、减少土壤侵蚀（指土壤在水、风等外力作用下被破坏剥蚀、搬运和沉积的过程），也不能从水中吸收更多的富营养物质。相反，其他两个湿地除了提供的植物材料较少外，产生的其他效益则多于预期。

为什么会这样？研究人员发现，香蒲湿地下面的黏土层略厚，这导致它的渗透性比其他两个湿地差，这样水很容易滞留在地表而不是渗入地下，因此暴雨径流和水中的养分快速流进了旁边的沟渠。与此同时，密集生长的香蒲遮蔽了土壤，致使在其他两个湿地生长良好、具有固土作用的苔藓不能生长，进一步提高了香蒲湿地的土壤侵蚀程度。

泽德勒的意外发现，不仅帮助她和其他专家找到了早前许多湿地恢复项目收效甚微的原因，还给他们带来了许多启示。其中最重要的经验是，不要试图去重建一个功能齐全的湿地，这样只会让我们更加不知所措。美国纽约州立大学布罗克波特分校的湿地科学教授道格·威尔科克斯（Doug Wilcox）指出："全面恢复湿地的功能谈何容易，这其中有太多变数，我们根本不知道该怎么做。"

相反，科学家应该将精力放在少数关键目标上，比如重建陆地、改善水质或者提高鱼类的种群数量。然后，再设计合理的工程系统，尽最大努力来实现这些目标。一旦这些关键工程完成，研究人员就应该放手，让大自然按自己的意愿去完成其他细节。

另一个经验就是，要像泽德勒那样，对湿地工程进行多年监测。长期监测之所以重要，是因为我们需要时间来发现一些出人意料的细节，比如哪些环节起作用、为什么起作用，并对工程做必要的调整。"改造湿地可不像维修汽车，"威尔科克斯打趣说，"湿地没有配备维修手册。"

我们应该清醒地认识到，彻底恢复湿地原貌，通常是不可能的，科学也有它的局限性。能在一两个关键目标上取得成功，就已经是非常重大的突破了。越来越多的湿地改造项目正在取得成功，从美国的特拉华海湾、密西西比河三角洲到亚洲的伊拉克和南美洲的圭亚那海岸，都在发生着鼓舞人心的变化。美国佛罗里达沼泽湿地研究公园的负责人威廉·米奇（William J. Mitsch）说："现在，湿地恢复得比过去好多了。"

自然之肾

　　湿地对人类的价值是如此之大，以至于最近备受称赞。米奇把湿地称为"大自然之肾"和"所有猎食与被猎食小动物的生态超市"。美国新泽西理工学院的资深科学家迈克尔·温斯坦（Michael Weinstein）有一张巨大的招贴画，上面写着："没有湿地就没有海产品"。迈克尔曾成功证明，沼泽食物链与远处的近海海域生态系统有密切关系，他说："湿地是我们赖以生存的支撑系统。"

在美国威斯康星大学麦迪逊分校的实验湿地中，由于城市暴雨径流流入小池，导致了香蒲（图中墨绿色部分）的意外入侵，图中野生沙丘鹤正在离开用于收集雨水的小池。

湿地也是我们的保护神。美国马萨诸塞州伍兹霍尔海洋研究所已退休的盐沼泽专家约翰·蒂尔（John M. Teal）说："飓风'桑迪'之类的事件使很多人开始明白，消灭沼泽和沙丘是多么愚蠢的行为。"例如，在长岛杰梅卡湾，那些仅存的、为数不多的盐沼泽帮助人们安全地度过了暴风雨；相反，在曼哈顿，由于周围的湿地已经完全丧失，城市直接暴露在汹涌的大海面前，当地受到了严重破坏。湿地还可以吸收从农田流失到河流的营养成分，避免当地海域暴发藻华、形成缺氧死水区。湿地还能调洪蓄水。此外，米奇还指出："湿地茂密的植被和肥沃的有机土壤，可能是这个星球上最好的固碳系统。"

然而，湿地正在快速消失。在美国的艾奥瓦州和特拉华州，人们把湿地抽干，种植玉米和盐干草（用作饲料）；在泰国，人们在湿地上蓄水，构筑成养鱼虾的池塘；在全世界范围内，大面积湿地被填充，建造成机场和城市。遍地修筑的防洪堤坝也阻断了湿地从河流获得沉积物的途径。米奇估计，曾经覆盖地球陆地表面4%～6%的湿地，如今只剩下不到一半。现在，越来越多的人正投入到保护湿地的战斗中。据大自然保护协会高级政策顾问杰茜卡·本内特·威尔金森（Jessica Bennett Wilkinson）估计，美国每年依照《净水法案》（*Clean Water Act*）第404条，开出的湿地罚单金额就达39亿美元。该法案要求开发者或其他湿地破坏者必须支付修复湿地或重建补偿性湿地的费用。

在全球范围内，大量的经费用在诸如种植红树林之类的湿地恢复项目上。不幸的是，有证据表明，这些钱没有用对地方。刘易斯环境服务咨询公司总裁罗宾·刘易斯（Robin Lewis）估计，90%的重建红树林沼泽项目是失败的。他指出："每年有数百万美元浪费在失败的项目上，而这些失败带给我们的教训都是相似的。"最近，斯坦福大学湿地生态学家戴维·莫雷诺－马特奥斯（David Moreno-Mateos）针对621块恢复后的湿地开展了一项调查，结果表明，即使50～100年后，这些恢复的湿地在生态功能上也远远不及等量的天然湿地。

导致湿地难以恢复的原因之一，是生物学与工程学之间的鸿沟。米奇指出："搞生物学的人在做一件事，搞工程的人却在做另一件事，他们都只了解自己的领域，对对方的领域却不甚了解。"美国陆军工程兵团负责监督绝大多数由美国政府资助的湿地恢复项目，他们也提出了相似的批评："搞工程的人常常无视生物学的本质。"

最根本的是，那些湿地恢复工程的负责人，缺乏泽德勒、威尔科克斯和其他人那种孜孜以求的钻研精神。威尔科克斯批评说："让我恼火的是，那些得到资助做湿地恢复的人，完全没有开发出一套行之有效的方法，他们从一开始就没有走对路。"

恢复水文条件

如何才能让湿地恢复得更好呢？在每个湿地恢复项目中，都应集中精力，从一两个生态效益着手。然后，选择一个主要的技术手段，来实现这个目标。其中一个最根本的技术手段就是恢复适宜的水文条件，这点看起来谁都想得到，却经常被忽视。"这不是什么难事，就是水文学、水文学，还是水文学。"刘易斯说。

在一些特殊情况下，仅仅让水回到湿地，就可以焕发出神奇的魔力。2000年以前，伊拉克南部有7700平方英里（1平方英里≈2.6平方千米）的沼泽，但由于战争、筑坝等因素，90%的沼泽遭到破坏。2003年，名为"重返伊甸园"的湿地恢复项目，开始从底格里斯河和幼发拉底河引水，使得沼泽地再次焕发生机。成千上万的原住民返回家园，他们饲养水牛、捕鱼并用芦苇编织草席，重新开始了美好生活。不过，这些沼泽的生命力仍然很脆弱——土耳其人正在底格里斯河上修建一座大坝，这很可能会再次造成沼泽水资源短缺。

刘易斯说，当前，全球范围内的红树林沼泽正以每年超过250,000英亩（1英亩≈4000平方米）的速度消失，恢复适宜的水文条件，对于重建红树林沼泽而言至关重要。我们可以把湿地恢复项目的目标锁定在帮助红树林茁壮成长上，让红树林发挥抵御洪灾，消减风暴和潮水的作用。至于红树林带来的其他附带效益，则可以算作是额外的"福利"。

以前，一个项目团队的通常做法是，先建立一个苗圃，培育出成千上万的红树林幼苗，然后再将这些幼苗种植在沿海的泥滩上。刘易斯说："这些项目刚开始被认为是成功的，然而实际上，这些树在3～5年后就全死光了。"

不过，水太多了也不行，对红树林来说，水多也是祸。"实际上红树林的大部分生命时光并不是在水中度过的，"刘易斯解释道，"这是几十年来一直被人们忽视的一个问题。"2012年7月，湿地恢复专家杰米·梅钦（Jamie Machin）来到圭亚拉，成为兰德尔·米尔斯发展咨询公司的领导人。他测量了一些失败项目所在地的水深，结果发现，这些地方的平均水深为20英寸（1英寸≈2.5厘米），树的底部和根部长时间浸泡在这么深的海水中，会慢慢死亡。

梅钦与政府团队协作，在湿地上修建一种名为丁坝的结构，然后在上面种植大米草；丁坝可以捕获沉积物，抬高泥滩，从而减少树木浸泡在水里的时间。用这个简单的办法，项目组也省下了培养苗木和移植的昂贵花销，因为树木长大后，会自己繁殖——大树会产生能发育成植物的芽，这些密封在果荚中的芽会从大树上脱落，从水面向四周飘散，不断向新的海岸泥滩扩展繁殖。梅钦断言，"一旦沉积层堆积，树林健康成长，就会繁殖出足够多的芽，使红树林恢复。"因此，根本没有必要力图恢复一个功能齐全的天然红树林生态系统。

在佛罗里达西南部的鲁克里湾国家河口研究保护区，刘易斯正在用同样的方法，抢救一个面积大约为1000英亩的红树林沼泽。20世纪30年代建成的海滨公路，切断了这个区域与潮汐之间的联系。一旦遇上暴雨，沼泽就会像装满水的浴缸一样，树木泡在水中，几乎无法呼吸。为了恢复水文条件，刘易斯计划在公路下修建排水涵洞，清理堵塞的潮沟（指由于潮流作用形成的冲沟），这样即使遇上大暴雨，水也可以迅速排出，同时海湾里的水也可以随潮汐涨落自由进出沼泽地。需要再次强调的是，这个项目的主要目标也仅仅是挽救树木。然而，由此带来的额外效应已经出现——调查显示，在一期工程的6英亩沼泽中，不仅红树林变得更为健康，招潮蟹和锯盖鱼的种群数量也开始大幅增加。"当整个项目完成后，这个区域将有更多有价值的鱼类种群得到恢复。"刘易斯说。

从上面两个案例我们可以发现，大自然有强大的生命力，一旦水文条件得以修复，它就会焕发出巨大的自愈能力。当然，在有些情况下，大自然也需要更多的帮助。比如，为了蓄水筑坝，维持行船和发电所需的高水位，加拿大安大略湖滨区损失了成千上万亩莎草湿地——没有了低水位期，高度多样化的莎草生态系统逐渐被入侵的香蒲替代。为了恢复湿地，政府监管部门正在考虑制定政策，在自然低水位期进一步降低湖泊的水位。

不过要想实现恢复莎草群落这一明确目标，除了降低水位，还需要采取关键性的第二步——清除香蒲。威尔科克斯和他的学生采取的措施是，在春季割除香蒲，因为春季正好是香蒲的脆弱期——生长消耗掉了前一年储存的能量，而光合作用还来不及补充能量。以后再出现的新芽，他们则用除草剂来清除。

美国特拉华海湾的托恩盐沼泽（上图，拍摄于 1998 年），通过河堤打开的一个小缺口，让淡水流入沼泽，并自然冲刷出潮沟，使得植物重新生长、繁茂（下图，2013 年拍摄）。

成功案例

专注于主要目标的湿地恢复策略，已经在美国特拉华海湾得到了丰厚的回报。这里曾经遍布盐沼泽，盛产螃蟹、鱼和其他水生生物。然而，荷兰移民者在这里建立了堤坝，抽干了数千英亩水域，种植盐干草来喂养动物。直到今天，这里的农场还在用盐干草生产护根物（护根物可以抑制杂草生长，保持土壤水分）。

海湾上的塞勒姆核电站隶属于美国公用事业企业集团（Public Service Enterprise Group, PSEG）。这个核电站每天需要抽取数十亿加仑（1美制加仑≈3.79升）的海水用作冷却水，这个过程会杀死不计其数的进入管道的小鱼和其他生物。20世纪90年代初，美国监管部门曾要求PSEG修建冷却塔，以停止这种"屠杀"行为。由于舍不得花10亿~20亿美元修建冷却塔，该公司提出了一个替代方案：恢复超过10,000英亩的盐沼泽，以弥补核电站对鱼类的伤害。

PSEG当时的环境项目经理约翰·巴利托（John Balletto），带来了一支湿地恢复

"梦之队"。他们确定了促进鱼类种群恢复的最好方法——在堤上凿出缺口，将适量的水放进沼泽，让原本已经消失的迷宫般迂回曲折的大小潮沟重新形成。重要的是，对其他方面，不要进行太多干涉。"如果你设计一个很周详的排水系统，这个系统只可能会按照你的设想运行，"咨询顾问蒂尔解释说，"但是，如果你允许它自我发展，系统可能会更稳定。"

这个团队开挖了主渠和少量支渠，余下的细小渠道，则让大自然自己发展。科学家相信，大自然会迅速完善整个沼泽，而事实也再一次验证了这一理论的正确性。如今，沼泽中增加的鱼类种群数量，足以弥补电厂取水造成的损失。蒂尔说："尽管当初的主要目标是为鱼类提供一个更好的环境，但如今，恢复的沼泽与临近的自然沼泽几乎没有区别。"

目前，PSEG仍在继续监测这个沼泽，并处理一些突发性问题。"尽管大多数湿地恢复项目都只监测一两年，"蒂尔说，"我们却会一直跟进20年。"做好这个项目的代价是昂贵的，到目前为止，PSEG的投入已经超过了1亿美元，但是，比起投入10多亿美元修建冷却塔，这个费用还是很低的。

湿地消失档案

1900 年以来，在北美、欧洲和中国已经有 **50%** 的湿地消失	1980 年以来，全世界范围内有 **8,900,000** 英亩（约 3.6 万平方千米）红树林消失
全球范围内每年有 **252,000** 英亩（约 1020 平方千米）红树林消失	恢复的湿地生态系统中的植被仅相当于天然健康湿地的 **74%**

数据来源：表中左上和右下的数据来自《公共科学图书馆·生物学》（*PLOS Biology*）2012 年 1 月《恢复湿地生态系统中的结构和功能损失》（*Structural and Functional Loss in Restored Wetland Ecosystems*）一文，作者莫雷诺-马特奥斯（D. Moreno-Mateo）等。
表中右上和左下数据来自联合国粮农组织 2007 年的报告《1980-2005 年世界红树林》（*The World's Mangroves 1980-2005*）

史无前例的工程

成功恢复数千英亩特拉华海湾盐沼泽虽然让人欣喜，但科学家能不能接受更大的考验——恢复美国路易斯安那州的沿海湿地呢？美国国家湿地研究中心负责人菲尔·特尼普西德（Phil Turnipseed），曾把发生在路易斯安那州沿海湿地的悲剧，称为"北美大陆最大的环境、经济和文化灾难"。专家说，在过去的80

年内，那里已有超过1800平方英里的沼泽消失。对于这一问题，我们可能很快就能知道答案。

美国路易斯安那州政府已经制定了一个长达190页的《路易斯安那州可持续海岸综合规划》（*Louisiana Comprehensive Master Plan for a Sustainable Coast*），计划挖开堤岸，将裹挟着泥沙的密西西比河河水引流到沼泽和海岸，来恢复濒临灭绝的湿地，并重建一部分新的湿地。石油巨头英国石油公司将因"深水地平线"钻井平台原油泄漏事故，向该地区赔付数十亿美元。美国环保基金会密西西比河三角洲恢复中心主任史蒂夫·科克伦（Steve Cochran）说："规划方案和资金都已到位，这种情况前所未有。"

专家们打算继续遵循"专注一个目标"的经验——先把重点放在重建和维护数百平方英里的土地上。但即使这样，规模也远远大于早前任何湿地恢复项目。路易斯安那州立大学的名誉教授约翰·戴（John Day）称其为"生态系统服务的喜马拉雅山"。如果项目成功，整个美国东海岸将有望不再受暴风雨的威胁，这片广阔区域也将再现生机和活力。如果失败，随着全球变暖，海平面上升，新奥尔良很可能会变成"现代版的亚特兰蒂斯"（传说亚特兰蒂斯在公元前一万年左右被史前大洪水毁灭），使得无数生活在这个区域的人不得不背井离乡。戴说："如果这样，后果真是不堪设想。"

类似项目的典范当属威克斯湖三角洲项目，1942年美国陆军工程兵团将裹挟着泥沙的阿查法拉亚河水引入路易斯安那州摩根城西南，形成了一片广阔的新沼泽地。"这是一个美丽的区域，布局合理，物种多样，河堤上柳树成荫，"美国巴吞鲁日海湾水资源研究所首席科学家、新奥尔良大学教授丹尼丝·里德（Denise Reed）说，"那里土壤非常结实，你可以在上面蹦蹦跳跳。"

里德和其他负责路易斯安那州沿海湿地恢复项目的科学家估计，用同样的方法，50年后，这个项目就能形成面积达300平方英里的新湿地。然而，以路易斯安那州立大学的吉恩·特纳（Gene Turner）为代表的怀疑论者则认为，这一估算过于乐观。特纳认为，历史记录显示，即使条件有利于滩涂堆积，滩涂的增长速率也仅是规划预测的1/50。在该地开展了10多年的小规模改道试验则显示，滩涂根本没有任何增长。

特纳指出："项目组可能正在将大量资源浪费在一个错误的项目上。"

像特纳这样的怀疑者虽属少数，但数据确实显示，河流中裹挟的泥沙类型和总量非常关键。威克斯湖三角洲构筑在6.5～13英尺（约2～4米）厚的砂质矿石沉积层上，这些砂质矿石主要通过较低的河堤开口进入湿地。较高的河堤开口只能使细颗粒有机沉积物进入湿地，而这种类型的沉积物可能会被下一场飓风冲走。更为复杂的是，密西西比河河水中富含源自美国中西部农场的营养成分，这使植物在新形成的沼泽上不用扎根很深就能茁壮成长，因此没有植物根系固定的松散土地，非常容易被暴风雨冲走。所以特纳和其他人转而支持另一方案——应将被石油公司挖开的运河填上，减少海水对湿地的侵蚀，帮助植物生长。

引入富含泥沙的河水以恢复湿地，这个方案会成功还是功亏一篑？科克伦说："这引起了激烈的辩论，每一方都有自己的理由。"然而，我们已经没有时间来辩论了。大多数科学家都同意必须马上开始行动，否则连可供恢复的仅存湿地也将不复存在——耽搁就意味着再也没有从失误中学习和调整的机会了。

正如本文开头，略厚的黏土层使泽德勒的3块小湿地完全不同一样，细节将决定湿地恢复工程的成败，不管是在路易斯安那州，还是世界其他地方。虽然湿地恢复面临的挑战仍然很艰巨，但泽德勒的研究表明，科学家至少已经知道了他们今后的努力方向。"我们无法让时光倒流，"泽德勒说，"但我们也不能停止尝试。"

扩展阅读

Structural and Functional Loss in Restored Wetland Ecosystems. D. Moreno-Mateos et al. in PLOS Biology, Vol. 10, No. 1, Article No. e1001247; January 24, 2012.
Creating Wetlands: Primary Succession, Water Quality Changes, and Self-Design over 15 Years. William J. Mitsch et al. in BioScience, Vol. 62, No. 3, pages 237–250; March 2012.
Wetland Creation and Restoration. William J. Mitsch in Encyclopedia of Biodiversity. Second edition. Edited by Simon Levin. Academic Press, 2013.

资源危机新解

能源、水和食物的短缺，都是我们正在面对
的问题。许多国家和地区试图将这三者分开
来解决，但是，面对这样的难题，整合资源
与产业或许才是更好的出路。

撰文 / 迈克尔·韦伯（Michael E. Webber）

翻译 / 陶凌寅

精彩速览

世界正试图分别改善能源、水和食品的供应，如果将这三项挑战作为一个整体，
更有利于解决环境、贫困、人口增长和疾病问题。

可能的解决方案包括：减少食品浪费可以节省能源和水；室内农场可以使用城市
废水种植农作物，为自己所处的建筑物供电；在电站旁边养殖藻类可以将废水和碳排放
转化成食品或生物燃料；沙漠地区的风力涡轮机可以把含盐地下水转化成淡水；智能供
水系统可以节约水资源和能源。

能源、水和食品资源的规划者、决策者们必须改变各自为政的工作方式，转而制
定综合性的政策和公共建设解决方案。

迈克尔·韦伯是美国得克萨斯州大学奥斯汀分校能源研究所副主任。他在《能量饥渴》（*Thirst for Power*）一书中讨论了现代世界中能源和水资源的使用问题，该书即将由耶鲁大学出版社出版。

2012年7月，印度三家区域性电网发生故障，造成了地球上最大规模的断电事故，导致超过6.2亿人（约占世界人口9%）无电可用。缺水让粮食生产吃紧，是这次事故的主要原因。由于大规模旱灾，农户将越来越多的电动水泵插入地下，在更深的地方抽取地下水灌溉农田。这些水泵在烈日的炙烤下疯狂运转，增加了供电需求。与此同时，水位降低意味着水力发电大坝的供电量将比平时更低。

更糟糕的是，在2012年年初，印度曾发生过一次洪灾，洪水冲过农田时，带走了一些泥土，这些泥土随后被洪水带入水库，堆积起来，进一步削弱了水库的蓄水能力。就这样，人们在突然之间陷入了黑暗。此次事故中，受影响的人数超过了整个欧洲的人口总数，是美国人口的两倍。

令人惊讶的是，美国加利福尼亚州也面临着相似的困境：能源、水和食品的问题纠缠不清。积雪量缩减、降水量达到历史低点，科罗拉多河流域持续不断地开发，使加利福尼亚州中部的河水量减少了1/3。加利福尼亚州的水果、坚果和蔬菜产量占全美的1/2，奶产量占近1/4，现在，农场主们却像发疯一般地抽取地下水。2014年夏天，一些地区的灌溉用地下水抽取量比2013年翻了一番。由于地下水的减少，400英里（1英里≈1.6千米）长的中央谷地正在发生沉降。而当人们对电力的需求越来越大时，南加利福尼亚州爱迪生电力公司却不得不关闭两座大型核反应堆，原因是缺少冷却水。圣迭戈市原本计划在沿海地区修建一座海水淡化厂，但遭到了一些激进分子的

2014 年 7 月，位于亚利桑那州和内华达州交界处的米德湖水位创历史新低，对拉斯维加斯市的饮用水以及胡佛大坝（图左）的灌溉、发电工作造成了威胁。

反对，理由是该项目会耗费过多的能源。

能源、水和食品是这个世界上最关键的三种资源。尽管这一事实已在政策圈中达成共识，但这三种资源之间的依赖关系却被严重忽视。其中任何一种资源的紧缺都会影响另外两种。这使得真实社会要比我们想象的脆弱得多。潜在的灾难正等待着我们，而我们尚未做好准备。

然而，我们已经做了一些重大决定——修建发电站、水利设施和农田，这些设施一旦建成，影响会持续多年，还有可能把我们困在一个脆弱的系统中。根据国际能源署 2014 年的一份报告，从现在起到 2035 年，仅仅满足全球的能源需求就需要 48 万亿美元的投资。国际能源署的执行主任说，确实存在"投资方向不当"的风

险，因为（能源事业可能遭受的）一些负面影响并没有得到恰当的评估。

　　要解决这些大问题，目前迫切需要的是一种整合各方因素的综合性思路，而不是将这三个问题拆开来解决。在这个星球上，很多人口集中点都受到了旱灾的袭击；能源系统火力全开的同时，却不得不面对环境的限制和成本的飙升；粮食系统也得艰难挣扎，以期跟上不断增长的需求。放眼全球问题最大的地区，你会发现食品、水和能源的关系问题往往是冲突上演的背景。干旱、食品价格过高和岌岌可危的政权激起了利比亚和叙利亚的动荡。我们只有解决了这个内部相互勾连的难题，才有可能创造一个更和谐、更有复原能力的社会，但我们该从何处下手呢？

连锁反应

　　赖斯大学的已故诺贝尔奖得主理查德·斯莫利（Richard Smalley）在2003年的一次演讲中给了我们一个提示。演讲的主题是"未来50年人类的十大难题"。按照重要性由高到低，他列出了一个清单：能源、水、食品、环境、贫穷、恐怖主义和战争、疾病、教育、民主以及人口。能源、水和食品位列前三，因为这三个问题与其他问题都有错综复杂的关系，解决了它们，剩下的问题就迎刃而解了。例如，只要拥有足够清洁、可靠、成本低廉的能源，就能大量生产清洁的淡水。有了大量清洁的淡水和能源（来制造化肥、驱动拖拉机），就能保障粮食生产，以此类推。

　　斯莫利的清单列得很精彩，但他忽略了两个微妙却很重要的因素。其一，能源、水和食品是相互关联的；其二，虽然一种资源的丰富可以保障其他资源，但一种资源的短缺也能造成其他资源的短缺。

　　如果能源是无限的，我们想要多少水都行——我们可以把整个海洋都淡化，可以挖

2012 年的大规模断电事故之后，印度加尔各答的旅客滞留在车站。断电是因旱灾期间农场过度使用水泵抽水进行灌溉而引起的。

非常深的水井，还可以跨大陆输水。如果水是无限的，那能源也是取之不竭的——我们可以到处建造水电站，可以灌溉无穷尽的作物。如果水和能源是无限的，我们可以让沙漠遍地开满鲜花，可以建造高产的室内农场，一年四季都生产粮食。

但是，我们并没有生活在一个具有无限资源的世界中。我们的世界充满了限制。人口在增长、平均寿命在延长、消费需求在变大，在这样的压力下，资源限制导致连锁事故发生的可能性越来越高。

例如，科罗拉多河流入拉斯维加斯市外的米德湖，而米德湖的水位现在已降至历史最低线。城市将两根大型管道插入湖水中获取饮用水。如果水位持续下降，就可能降得比这两根管道的取水位还低，下游的大型农业社区或许会面临河流干涸的窘境，米德湖胡佛大坝中的巨型水力发电涡轮机的供电量也可能会降低甚至停转。拉斯维加斯的解决方案是花费将近十亿美元建造第三根大型水管，从米德湖的更深处取水。这么做没什么好处。美国斯克里普斯海洋研究所的科学家发现，如果气候变化和预计的情况一样，并且科罗拉多河流域的城市和农场不减少用水量的话，米德湖将在2021年干涸。

在乌拉圭，政治家们必须做出决断，到底如何使用水库中的水，饮用、灌溉还是发电？2008年，萨尔托大坝上游的乌拉圭河水位严重下降，大坝的总装机容量和胡佛大坝几乎相同，但14组涡轮机中仅有3组运转发电，因为本地居民希望把水存起来用于灌溉或其他方面。当时，沿河居民和他们的政治领袖不得不有所取舍，看他们究竟是要电力、食品还是饮用水。一个环节受限就会导致另外两个环节也受限。尽管这场危机早已离开乌拉圭，但它仍在世界其他地区反复上演。比如，在得克萨斯州和新墨西哥州这些受旱灾侵扰的地区，最近政府已经限制，甚至禁止了水力压裂法开采石油和天然气，以便节省更多的水资源用于农业生产。

在我们消耗的水资源中，有大约80%用于农业——也就是食品生产。将近13%的发电量用于水资源的获取、净化、运输、加热、冷却和排放。我们用天然气制造化肥，用石油制造农药，用柴油驱动拖拉机和收割机，这些都抬高了食品生产对能源的需求。食品厂的制冷过程极为耗电，食品类产品包装在用石化原料制成的塑料之中，我们从商店购买食物回家烹饪也都需要能源。三种资源之间的相互关联是一道混乱的难题，任何一部分发生扰动，整个系统都将变得脆弱不堪。

是时候巧妙应对了

我们不能再愚蠢地用旧的设计方案建造更多的发电站、供水和水处理设施了，也不能再用过时的方法种庄稼，不能再无视各种因素间的相互影响而使用更多的石油和天然气。要知道，我们能够用可持续的方式将这些生产活动整合起来。

最显而易见的办法是减少浪费。在美国，超过25%的食物都进了垃圾桶。我们花了大量的能源和水来生产食品，如果能减少浪费的比例，立马就能节约好几种资源。减少食品浪费的途径有很多，最简单的是减少每一份菜的分量以及少吃肉——生产肉类的能耗是谷物的4倍。我们还可以把丢弃的食品和粪便等农业废弃物放置在厌氧消化池中，将之转化为天然气。厌氧消化池里有一些金属球体，看起来像闪亮的泡泡。消化池中的微生物可以分解有机物，并在这个过程中制造甲烷。如果把这种技术广泛地运用于家庭、餐馆和农场等中心位置，那么我们一方面可以创造新的能源和收益，另一方面还可以减少处理垃圾用的能源和水资源。

废水是另一种可以转化为资源的副产物。在加利福尼亚州，圣迭戈市和圣克拉拉市已经在使用经过处理的废水灌溉农田。经过处理之后，水质甚至已经达到可以饮用的程度，如果监管机构允许，这种水就能辅助市政供水。

哥伦比亚大学的迪克森·德波米耶（Dickson Despommier）是城市农场的倡导者，他提出了"垂直农场"的概念，这种农场可以安置在玻璃摩天楼的内部。例如，纽约市民每天制造出10亿加仑（1美制加仑≈3.79升）的废水，市政机构要花费大量的资金净化它们，然后将之排进哈得孙河。但是，这些处理后的废水可以用于灌溉垂直农场中的作物，这样既可以生产粮食又可以减少农场的供水需求。从废水中提取的固态物质一般都烧掉了事，其实焚化过程可以给大型建筑供电，减少大型建筑对能源的需求。另外，新鲜食品就在消费者生活和工作的地方被生产出来，在减少食品运输距离的同时，也就潜在地节约了能源，减少了碳排放。

一些初创公司正尝试利用发电站排出的废水和二氧化碳，在电站旁边养殖藻类。藻类吸收气体和水，为人们提供动物饲料和生物燃料。藻类养殖可以从废水中移除化合物，从大气中吸收二氧化碳，这同时也在应对斯莫利清单上的第四个难题——改善环境。

我们还可以收集电站排放的二氧化碳创造能源。我在得克萨斯州大学奥斯汀分校的同事们就设计了一个系统：将电站的二氧化碳废气注入深埋于地下的卤水矿中。二氧化碳始终浸入水中，不进入大气，它将热甲烷推挤出来，使之冲出地表。甲烷可以当作能源出售，而热能可以用于工业生产。

明智的节能理念也能帮助我们同时节约不同资源。其实，使用电灯和电源插座等电力设施要比使用水龙头、淋浴喷头更费水，因为电站需要消耗大量的冷却水，这些看不见的水力开销，自然不会纳入我们思考的问题中。同样，加热、处理和抽取水资源也比照明更费电。关掉电灯和电器能节约大量的水，而关掉水龙头能节约大量的能源。

我们也可以重新思考如何更好地利用能源和水，用它们在预想之外的地方种粮食。在美国西南部的沙漠地区，含盐浅层地下水的储量十分丰富。这里的风能和太阳能也很丰富，但这些能源利用起来难度很大，因为夜间没有太阳，而风吹得断断续续。但这种能源状况对水的淡化过程却无大碍，因为干净的水很容易储存，以备未来使用。海水淡化会耗费大量的能源，但含盐地下水的盐度并没有海水那么高。我们在得克萨斯州大学的研究表明，用间歇性风力淡化含盐地下水要比用风力来发电更有经济价值。而且，处理过的水还可以灌溉作物。这种资源间的联结关系是对我们有利的。

同样的思维可以应用于改良开采石油和天然气的水力压裂法。水压法有一个令人烦心的副作用：喷出井口的废气（主要是甲烷）在空气中明亮地燃烧，那火焰非常壮观，夜间从太空中都能看到。水井还会排出很多废水——数百万升的淡水注入井中用以压裂，再次流出时，水中包含了盐和化学物质。

如果运营者够聪明，他们可以用这些甲烷来驱动蒸馏器或其他热能机器，然后清洁废水，使其可以就地循环使用。这么做可以节约淡水，同时也能避免能源浪费，消除废气排放时的燃烧现象。

在为家庭和企业提供水时，我们也可以变得更智能。智能电网中嵌入的传感器有助于提高配电效率，而目前供水系统的性能甚至比电力系统更差。使用了上百年的、早已过时的计量器常常无法准确地记录用水量。专家说，在老旧的输水管道中，有10%～40%已处理的水都渗漏了。在供水系统中嵌入无线数据传感器将为公用事业提供更多的管理手段，以减少管道渗漏和随之失去的财政收入。智能供水也有助于消费者管理自己的用水量。

我们也可以生产智能食品。通常，很多食物会被浪费，因为食品店、餐馆和消费者都依赖"保质期"来粗略估计食物是否已经变质。过期的食品就不再出售或食用，尽管食物可能并没有变质——如果温度和储存条件管理得当的话。更智能的办法是直接用传感器来评估食品质量。例如，我们可以在食品包装上使用热敏油墨，如果食品暴露在不当的温度下，或者不良微生物开始增长，那油墨就会改变颜色，提示我们食品已腐败。我们还可以沿着供应链安装传感器，测量腐烂的水果和蔬菜释放的示踪气体。这些传感器可以使制冷控制变得更严格，防止产品损失。

塑造新未来

尽管许多技术方案可以改善能源、水和食品间的关系，但我们并没有好好利用这些方法，因为在意识和政治层面，人们并没有完全理解这三种资源之间的相互关系。政策制定者、企业主和工程师通常各自为政，孤立地在某一个问题上努力。

遗憾的是，政策、监督和资金分配决策是由独立的机构分别做出的，这一点使问题变得更加复杂。能源规划者认为，他们能够得到所需的水；水资源规划者认为他们能得到所需的能量；食品资源规划者认识到了干旱的问题，但他们的对策却是开足马力抽取更深的地下水。我们目前所需的最重要的创新，就是从整体上考虑资源间的相互联系。

这种思维方式将带来更明智的决策。例如，政策可以资助研发耗水少的能源技术、耗能低的水利技术，还有可以防止损失并且省水省电的食品生产、存储和监控技术。设置跨资源的效率标准可以一举两得。推广新的建筑规范也是一种减少浪费和提高性能的强大手段。在批准新能源站点投产时应当进行水足迹评估，反之亦然。另外，对于整合了这些技术方案的机构，政策制定者可以为之设立循环贷款基金，进行直接投资或提供税收优惠。

我们也看到了鼓舞人心的新气象。在北卡罗来纳州查珀尔希尔举行的"联结2014：水、食品、气候和能源"会议上，来自33个国家的300名代表发布了一份声明。政界代表和来自世界银行、世界企业永续发展委员会的代表在声明中表示，"世界是一个复杂的系统"以及"应该寻求有利于系统整体的解决方案和政策干预"。

正如斯莫利指出的，能源是驱动力，我们必须考虑利用能源这一环节来同时解决多重挑战。例如，一些政策偏执地要求降低大气中的二氧化碳水平，这可能推动我们去选择非常耗水的低碳电力，比如核电站或配备碳捕获技术的火电站。

个人责任感也参与其中。如果我们非要在寒冬吃上新鲜沙拉，要从数千千米之外调运新鲜蔬菜，这就需要一个分布广泛、耗能高的食品配送系统。总之，不管什么我们都想要多来一点儿，这种个人欲望把资源问题推向了崩溃的边缘。能源、水和食品的关系问题是我们的星球目前面对的最棘手的问题。已故的乔治·米切尔（George Mitchell）是现代水力压裂法之父，也是可持续发展的倡导者，用他的话说："如果连70亿人的问题都无法解决，那面对90亿人之时，我们又该如何是好？"

扩展阅读

Liberation Power: What Do Women Need? Better Energy. Sheril R. Kirshenbaum and Michael E. Webber in Slate. Published online November 4, 2013.
The Ocean under Our Feet. Michael E. Webber in Mechanical Engineering, page 16; January 2014.

水的重生：从污水到饮用水

如果我们能克服心理上的反感，处理后的污水或许可以成为最安全，也是最环保的自来水水源。

撰文 / 奥利芙·赫弗南（Olive Heffernan）

翻译 / 解跃峰

┤精彩速览├

　　全球范围内，饮用水已经变得稀缺且昂贵。全新的多级水净化工艺能够将废水转化为洁净的自来水，有助于解决缺水问题。

　　圣迭戈市已经开发出一种最先进的水净化系统。如果得到监管部门的许可，就能把污水处理后得到的再生水直接输送到每家每户的水管中，为世界上许多国家和城市树立了榜样。

　　然而，目前面临的一个巨大障碍是，因为再生水是通过污水处理得到的，所以他们首先得说服公众克服对再生水的抵触情绪，哪怕这种处理后的污水比公众现在喝的自来水还干净。

奥利芙·赫弗南是英国伦敦的自由撰稿人，主要报道环境领域的事件。她是《自然气候变化》（*Nature Climate Change*）前任编辑。

2013年12月，在一个阳光灿烂的日子里，我拜访了圣迭戈市北部山脚下的一座水处理厂。这座巨大的"化学实验室"从外表看上去干净明亮，但它只有屋顶没有围墙，而且屋顶是并不美观的米黄色，整个实验室的运营设备在冬日温暖的阳光下有些反光。从任何一个角度，你都能看到一排排银色的管道、形状和大小各异的罐子、用来盛放不明液体的大型灰色金属桶。将要结束此次参观时，我遇到了一项挑战：在我面前的桌子上，整齐排放着三个大玻璃瓶，我需要通过外观，辨别瓶子里的液体分别是什么。第一瓶看起来稍显泛黄，第二瓶是无色的，第三瓶像钻石一般晶莹剔透。

我轻松完成了这项任务，辨别出三种液体依次为：自来水，传统污水处理厂处理过的循环水，以及在该厂经过深度处理后的厕所废水（一般称为再生水）。让人惊讶的是，我非常想尝试面前这瓶经过处理的污水，但是却不能喝。"我们不能喝处理后的水，也禁止游客品尝"，这次参观的向导马尔西·施泰雷尔（Marsi A. Steirer）严肃地说，他是圣迭戈市公用事业局的副主任，负责运营这座工厂。

这种情况也许很快就会得到改善。由施泰雷尔负责的先进水净化装置项目（Advanced Water Purification Facility, AWPF）已经持续运行了6年，该项目于2013年完成。项目显示，当地生活污水经过深度处理后，不仅比现有饮用水更加洁净，而且AWPF装置获取淡水的成本要低于其他途径（如海水淡化）。对于圣迭戈市而言，如果政府监管机构批准这项计划，水处理工艺将产生质的飞跃。

整个圣迭戈市90％的水资源需要从外部引进，城市东部的水源引自科罗拉多河，北部的水源引自萨克拉门托圣华金河三角洲。但这两处水源都已濒临枯竭，圣迭戈市在未来10年的引水成本将会翻倍。污水再利用可以满足圣迭戈市40％的日常用水需求；同时，改进的污水处理工艺也有更深层的意义，它将结束该市把简单处理后的废水直接排入海洋的历史。

但是，我们仍需面对一个问题，并不是每个人都愿意喝处理后的污水。这种"令人反感的心理作用"使圣迭戈市在20世纪90年代末启动的类似计划流产，而且在2004年，一项民意调查显示，63％的居民仍然反对污水回用。在澳大利亚，许多类似的提议也遭到了同样的命运，都被直言不讳的民间团体否决。劳伦斯·琼斯（Laurence Jones）是澳大利亚公民反对饮用污水民间团体的创始人，他说，"我们只知道污水已经被100％污染了"，他还质疑来自家庭住宅、工业、医院和屠宰场的污水是否可以得到彻底净化。

然而，随着旱情加重，沿海居民增加，圣迭戈市居民的态度经历了一次令人意想不到的转变。目前，约有四分之三的公民同意将厕所污水进行深度处理，但附带的条件是：当污水经过深度处理后，必须先排入水库进行高度稀释，经过进一步净化后，才能输送到每家每户。

反渗透过程在白色圆柱体内部（见左图）进行，这一过程可去除水中的盐与细微杂质。圣迭戈市AWPF水厂每天处理的污水量为4000立方米，最终产出的水的洁净程度，能达到蒸馏水的水平。

这个流程叫作饮用水间接回用，AWPF水厂目前是这一废水回用途径的试验场地，运营人员其实更希望采取另一种途径——饮用水直接回用。也就是，通过高规格的工艺使污水高度净化，净化的水能直接输送到每家每户的水龙头中。然而，许多居民无法接受这种途径的最后一个环节。"还是把处理后的水排入水库更合适，"梅甘·贝伦斯（Megan Baehrens）说。贝伦斯是海岸守护者组织的执行董事，这家位于圣迭戈市的非营利组织一直致力于该市的水资源保护事业，在推动项目实施的过程中起到了关键作用。

加利福尼亚州的监管机构将决定，是采用饮用水间接回用，还是直接回用。一旦敲定，这项决定将影响圣迭戈市和州内其他地区所采用的技术流程。在美国，加利福尼亚州以最严格的环境法规而著称。专家认为，如果饮用水直接回用在加利福尼亚州被认可，这一流程将很快应用于世界上其他缺水的城市。"加利福尼亚州影响着全球的环境决策，在污水处理领域，它也会起到同样的作用"，亚利桑那大学国际水专家沙恩·斯奈德（Shane Snyder）说。

比饮用水更干净

圣迭戈市的试验设备成了所有人关注的焦点。虽然这座水厂每天能生产100万加仑（1美制加仑≈3.79升）的再生水，出厂的水质也能达到饮用标准，但这些水却被用于灌溉附近的托里松林高尔夫球场和墓地。施泰雷尔希望在未来的5～10年内，能将水厂的产能扩大10倍。默认方案是将深度处理后的水，排入当地的圣维森特水库进行稀释；经过一系列消毒处理后，再输送到居民家中。如果监管机构允许，也可以将水厂处理后的水直接输送到居民家中——这将是备选方案。

但是，目前的监管制度还不够完善，还无法让公众信任上述任何一种方案。水厂必须想办法让消费者克服自身心理上的反感，最重要的是，必须要让人们相信，处理后的水足够干净。迄今为止，已有众多不同身份的游客参观过AWPF水厂，其中包括母亲、女童子军（美国学校的课外组织，是美国最大的女孩团体）、医生、官员等4000余人。对于饮用经过处理的水，大多数人都会质疑这种水的安全性，而这种担心并非无本之木。在大多数城市中，即使饮用水经过了常规处理，每年仍有1900万美国

流程示意图

从马桶到水龙头

居民楼与商业建筑内的盥洗水、淋浴水与冲马桶的水都是宝贵的资源，不是废物。通常，城镇会将污水收集起来，送到污水处理厂，使其净化，然后排放到江河或海洋中（深蓝色箭头）。另一种选择是将水进一步净化，达到饮用水标准，经管道输送到当地水库或地下储水层，甚至可直接输送到住宅与商业区的水龙头中（浅蓝色箭头）。

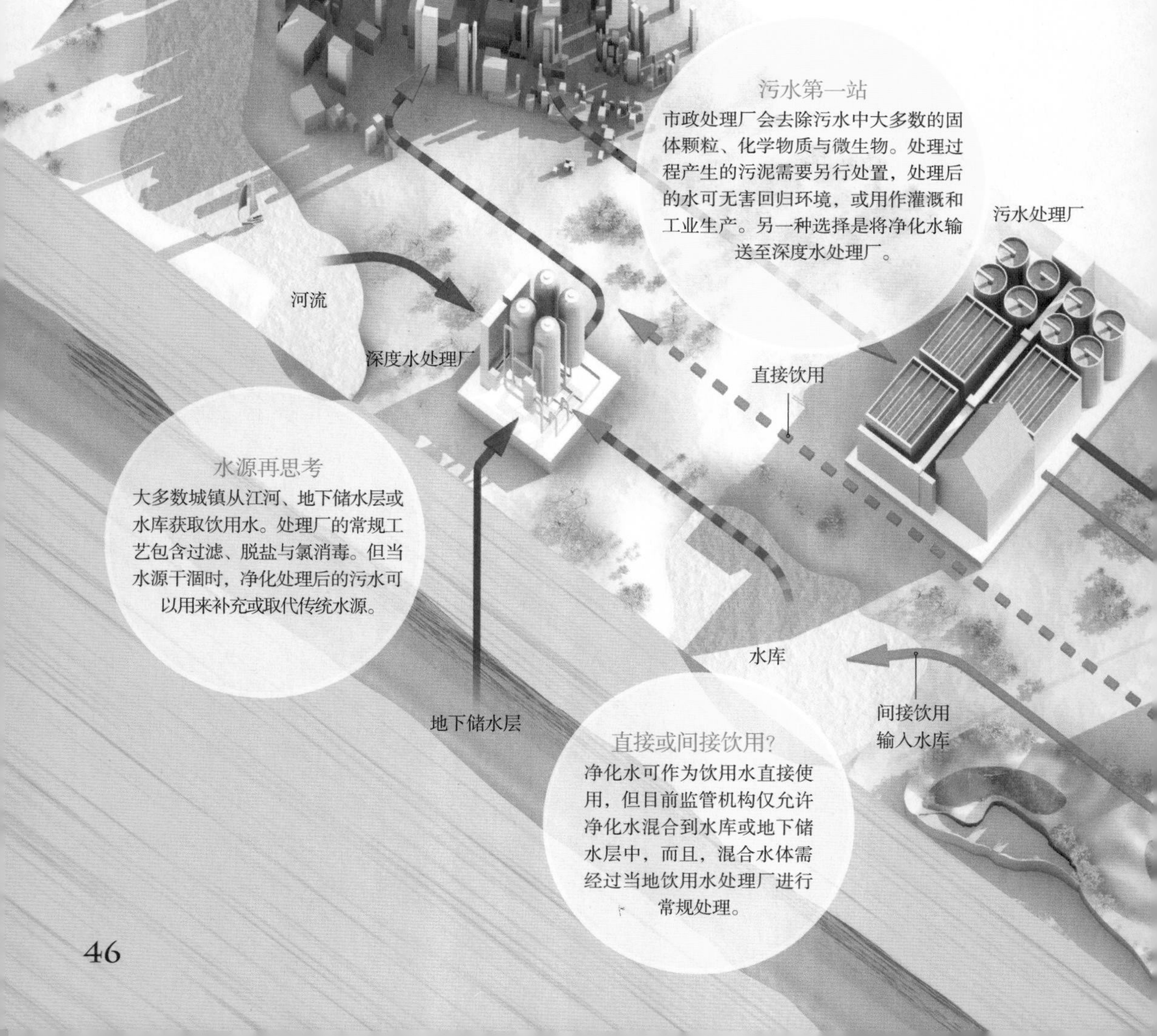

污水第一站

市政处理厂会去除污水中大多数的固体颗粒、化学物质与微生物。处理过程产生的污泥需要另行处置，处理后的水可无害回归环境，或用作灌溉和工业生产。另一种选择是将净化水输送至深度水处理厂。

污水处理厂

河流

深度水处理厂

直接饮用

水源再思考

大多数城镇从江河、地下储水层或水库获取饮用水。处理厂的常规工艺包含过滤、脱盐与氯消毒。但当水源干涸时，净化处理后的污水可以用来补充或取代传统水源。

地下储水层

水库

间接饮用输入水库

直接或间接饮用？

净化水可作为饮用水直接使用，但目前监管机构仅允许净化水混合到水库或地下储水层中，而且，混合水体需经过当地饮用水处理厂进行常规处理。

46

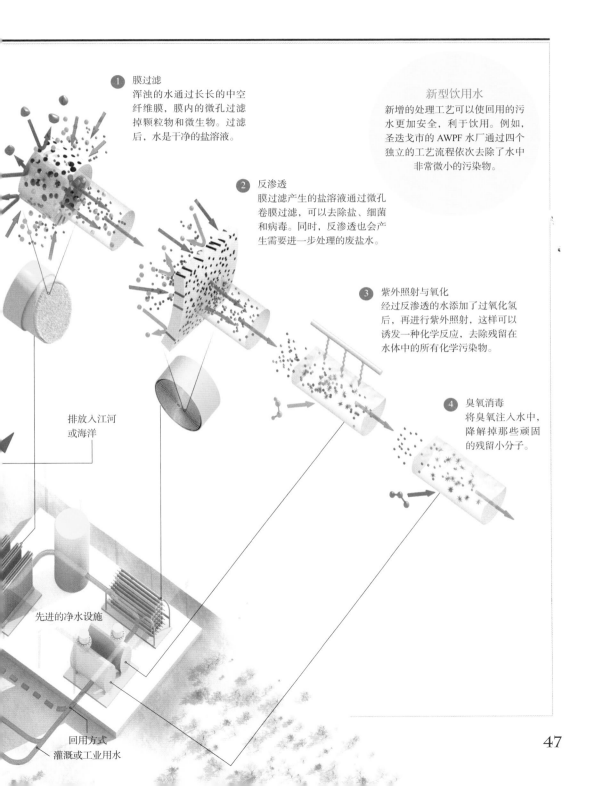

1 膜过滤
浑浊的水通过长长的中空纤维膜，膜内的微孔过滤掉颗粒物和微生物。过滤后，水是干净的盐溶液。

2 反渗透
膜过滤产生的盐溶液通过微孔卷膜过滤，可以去除盐、细菌和病毒。同时，反渗透也会产生需要进一步处理的废盐水。

3 紫外照射与氧化
经过反渗透的水添加了过氧化氢后，再进行紫外照射，这样可以诱发一种化学反应，去除残留在水体中的所有化学污染物。

4 臭氧消毒
将臭氧注入水中，降解掉那些顽固的残留小分子。

新型饮用水
新增的处理工艺可以使回用的污水更加安全，利于饮用。例如，圣迭戈市的 AWPF 水厂通过四个独立的工艺流程依次去除了水中非常微小的污染物。

排放入江河或海洋

先进的净水设施

回用方式
灌溉或工业用水

人由于水中的病毒、细菌和寄生虫感染疾病，超过900人甚至因此而丧生。

说服民众的方法之一是确保经过深度处理后的水比目前的自来水更干净。讽刺的是，在参观过程中，游客认识到深度处理后的水确实比他们的自来水干净得多。因为绝大多数人喝的都是"下游"水——上游城市会将经过标准处理后的污水直接排放到河流或湖泊中，而下游城市会直接将这些河流或湖泊里的水作为饮用水水源。明显，把这样的水用作饮用水并不够干净。"密西西比河的水在到达新奥尔良之前已经被使用过了5次"，加利福尼亚大学戴维斯分校的国际水专家乔治·乔巴诺格劳斯（George Tchobanoglous）解释说。然而，人们却还总是想着要让污水处理厂供出的水达到比常规市政供水更高的标准才行。

施泰雷尔提到，目前在圣迭戈市，经深度处理的污水确实比常规自来水厂供应的水更"干净"。此外，加利福尼亚大学伯克利分校的工程学教授戴维·塞德拉克（David Sedlak）认为，在水库或地下蓄水层储存处理后的水也有风险。比如，鸭子或其他动物的排泄物可能污染水库，岩石中的砷也会渗入到地下蓄水层。塞德拉克说："有人主张，我们应该直接回用处理过的水，从而避免类似的风险。"

美国饮用水的常规处理工艺是，通过两到三个步骤去除悬浮固体，再进行氯消毒。将有气味的污水转化为清洁的饮用水需要不同的工艺。AWPF水厂处理的水是已经在北城污水回收厂经过初步处理后的污水，AWPF再运用更先进的处理工艺做进一步净化。

AWPF在处理水时，第一道工艺是微滤，微滤需要使用的设备是一根大管子。Trussell技术公司的总裁沙恩·特鲁塞尔（Shane Trussell）说，每根管子里含有9000根意大利面一样的纤维，每根纤维上都布满了微孔，这些微孔的直径不足头发的1/300。污水受到压力，通过微孔时，纤维就会过滤掉水体中的病毒、细菌、原生动物与悬浮固体。

随后，水会在高压下进入更小的纤维管道，这个过程就是反渗透。这道工艺可以去除水中残留的溶解性颗粒，比如化学物质、病毒、药物等，这些颗粒的大小，甚至不到最小细菌的1/10,000。AWPF的最后一道处理工艺是氧化：工作人员会将水放置在一些大缸中，让它们与少量高浓度的过氧化氢混合，然后运用紫外线消毒。这个阶段可破坏所有残余的污染物，让污染物的含量净化到每升1皮克（1皮克=10⁻¹²克）的水平，相当于在数百个奥运游泳池中，加入了一滴污染物。

每天，有4000立方米的废水进入AWPF水厂，其中80%的水会通过所有处理工艺，达到瓶装水的优秀水质。如果处理厂拥有间接回用的许可证，这些水完全可以输送至水库。但目前，在加利福尼亚州，这些水只能通过路边的紫色市政管道，向该区提供灌溉和工业用水。剩余20%的水会送到当地的污水处理厂进行处理。在经过净化的水中，常见的剩余物质有咖啡因、洗涤剂与糖精，但这些物质在净化水中的含量非常低，不会造成任何伤害。而且，相对于常规饮用水每升600毫克的含盐量，净化水的含盐量相当低，每升只有20毫克。

2013年4月，特鲁赛尔和工程师们为净水过程增加了新的工艺，能使处理后的水更加洁净。他们用臭氧，对经过前期处理的水做进一步处理，好让水中99.9999%的微生物都能被去除。同时，他们也会通过特殊的过滤工艺，再次降低水中有机物含量。如果获得成功，这项工艺足以让监管机构相信，没必要把处理后的水再输送到水库中稀释。特鲁赛尔说，"我们永远不可能说我们已经去除了水中的每一个病原体，"但处理后的水质已经远远超出了美国国家和所有州政府的饮用水标准。事实上，在未经过新工艺处理前，这些水已经符合甚至超过许多水质检测标准了。

让用户接受

在感性面前，理性不一定总能占上风。直接回用净化水需要克服心理上的抗拒感。许多人更愿意考虑间接回用，部分原因是，把处理后的水重新放回水库或储水层中，能在一定程度上消除人们的反感心理——至少我们喝的水来自水库，而不是污水。

对于已经成功推行净化水间接回用的社区，或许有好的范例，可以让我们学会如何让公众更好地接受经过净化的水。20世纪90年代末，加利福尼亚州圣迭戈市以北90千米的奥兰治县面临着供水不足的问题，当地快速增长的人口和日益减少的水资源形成了巨大的矛盾，日益增加的引水成本也是当地政府需要面对的一大难题。2008年，该县声称拥有世界上最大的污水回用装置，可以有效补给当地地下水，为饮用水提供保障。这些装置每天可处理污水20多万立方米，相当于当地20%的用水量。加利福尼亚州的其他城市也开始用处理后的水补给饮用水，但补给的比例都低于奥兰治县。在圣何塞市，有一座耗资6800万美元的先进污水处理厂，该厂在2014年6月开始运行，计划每天为硅谷提供3万立方米左右的再生水。虽然这些处理后的污水已达到饮用水标准，但目前看来，仍然只能用于灌溉农场和高尔夫球场，或作为工业用水。

无论在圣迭戈市还是在奥兰治县，都会有挑剔的居民反对这类计划，奥兰治县的反对人数曾经一度高达70%左右。当然，经过一系列非常有效的公关活动之后，在污水处理厂开始修建时，这一计划已经得到了整个社区居民的支持。公关活动的负责人罗恩·维尔德穆特（Ron Wildermuth）说，在向社区居民推广前，当地工作人员已经收集到该县连续7年的水质数据。接着，他们又花了10年时间，向每一位居民说明这一计划，并邀请人们饮用这种处理后的水。

奥兰治县的成功为圣迭戈市污水回用项目的开展奠定了基础。施泰雷尔说："奥兰治县的污水回用项目证明了间接回用是安全可行的，如果没有这个过程，污水直接回用根本不可能实现。"圣迭戈市基本采用了奥兰治县的饮用水间接回用技术。但是，圣迭戈市还是希望直接回用，因为这个地方没有用于储存净化水的天然地下储水层。美国乃至全世界很多城市都存在类似的情况，所以圣迭戈市将成为一块试验地。

澳大利亚的经验则是一个反面教材，借此可以告诉我们，面对公众质疑，哪些做法是错误的。新南威尔士大学的水管理专家斯图尔特·卡恩（Stuart Khan）认为，澳大利亚污水回用计划让人失望。一些省份已经禁止饮用再生水，而且在一些容易遭受旱灾的城市（例如布里斯班和墨尔本），水资源再利用计划已经在公众的反对声中流产。卡恩认为，澳大利亚政府所犯的错误，是在一个错误的时间迫使公众接受再生水。他感叹道，"到了事情已经无法挽救时，我们才认识到，等待是很愚蠢的事情。"卡恩说这话的意思是，澳大利亚政府的作为，让公众觉得是政府在强迫自己接受令他们感到不适的东西。

卡恩还说，和公众交流水资源的问题越早越好，现在正是公关的最佳时机，因为澳大利亚的水供应情况已经有所缓和，在此期间可以争取到更多的时间与公众展开讨论。而且，一个水资源回用系统已经可以使用。在2006年的干旱高峰期，澳大利亚在西部走廊建立了一个水资源回用项目，耗资23亿美元，起初的目的是为工业、农业和日常生活提供用水。该项目计划将水储存到威文霍大坝，这个水坝是布里斯班市内和周围地区大部分饮用水的水源。回用项目能把周围6个污水处理厂的废水收集起来，再输送到3个水处理厂进行深度处理。

然而，在2008～2010年水资源回用系统投入运行期间，该地区再没有出现干旱危机，而回用计划只有在储备水量下降到总容量的40%时才会启用。目前，处理过的污水仅用于当地的工业生产。卡恩和许多澳大利亚水专家都认为，应该将项目中的一个深度处理厂改造为直接回用处理厂，借此为布里斯班市增加35%的供水量。

如果昆士兰州政府采纳了该计划，他们将会在南半球建立世界上最大的直接回用处理厂。虽然在目前情况下，官员和公众更容易被说服，但就像奥兰治县一样，他们仍需要更多的时间和信息来考量这一计划。

昆士兰州政府或许会为美国再生水研究基金会在去年发表的一篇报道大受鼓舞。在一项调查中，基金会的研究人员向不同性别、年龄和教育水平的加利福尼亚州人和澳大利亚人展示了四种不同的饮用水方案。第一个方案是现在的水源，用承纳污水排放的河水作为饮用水水源；第二个方案是将经过污水处理厂深度净化后的水输送至水库，然后通过自来水厂进行进一步处理；第三个方案是将深度净化后的污水直接排入河流；最后一个方案类似直接回用，即把深度净化后的水直接输送给用户，不用水库和水处理厂的额外处理。不论性别和教育水平，参与这项调查的人都认为，直接回用是最安全的，而目前使用的处理方案（第一个方案）安全系数最低。

无比重要的尝试

明确告诉公众，除了回用废水和污水，没有其他方法可以解决水资源缺乏问题，也是说服公众的一个方法。在纳米比亚，这种方法就成功了。纳米比亚是世界唯一一个直接大规模供应再生水的国家。回溯至1957年，几次旱灾使温得和克市（纳米比亚首都）的地下水急剧减少，基本只能维持8周的城市供水，而这个地方距离海岸约300

千米，距离最近的一条常年河流也有800多千米，且没有其他可靠的水源。1968年，温得和克市建立了一座可以直接回用污水的处理厂，并且全面投入使用。现在，在温得和克市，25%的自来水来自处理后的污水。

在温得和克市，公众的质疑要比圣迭戈市少得多。管理回用设施的彼得勒斯·杜·皮萨尼（Petrus du Pisani）说："当时并没有公民运动组织，居民可能有疑虑，但他们别无选择。"在20世纪60年代末，"那时的人们对科学和政府都充满了信心。"尽管如此，他们也邀请了当地居民品尝这些处理后的水。杜·皮萨尼说："现在大家已经接受饮用再生水了。"

但是，纳米比亚的这套设施难以在其他地方推广。尽管采用了多级处理工艺，但设施中并没有用到反渗透工艺，而这种工艺在圣迭戈市及奥兰治县的污水处理过程中至关重要。纳米比亚的官员也说他们的水很安全，完全达到了世界卫生组织的水质标准。

温得和克市地处内陆，因此很难处置反渗透技术产生的大量废盐水。而且在20世纪60年代时，"废水中几乎没有人造化学物质，当时我们主要关注肥皂和发泡剂"，杜皮萨尼说。而缺乏反渗透技术的缺点之一是，水中的盐度含量较高，导致水的味道发咸。

杜·皮萨尼说，温得和克市会在2020年添加小型反渗透装置来除盐。他还说，全世界的饮用水标准都在迅速推陈出新，纳米比亚也不例外，温得和克市的设施已经跟不上时代发展。反渗透会产生大量废盐水，消耗大量能源，使得污水直接回用的费用过高，而不能在其他城市使用。相反，一些正在开发的新型水处理技术能减少废盐水和其他废料的产生。间接回用和脱盐也需要用到反渗透技术，但比起直接回用，间接回用更节省能源，因为前者需要附加管道和能源来运输水。

干旱已经严重影响了美国的多个地区，它们面临着和温得和克市一样的命运。得克萨斯州比格斯普林市多年来降雨量极少；新墨西哥州的克劳德克罗夫特小镇在周末和节假日里，用水量都会加倍增长，它们一直靠远距离运输缓解用水压力。从2013年起，这两个地方开始使用深度净化后的水来填补饮用水空缺。而这两个地区都没有合适的水库和地下储水层长期储水。克劳德克罗夫特镇只好将净化后的污水与井水或泉水混合，在水池中短暂蓄存后送往自来水厂，然后再输送到各家各户。在比格斯普林市，他们会将远处一个小型水库的水和净化后的水混合处理。这些途径避免了再生水的分类，有些人认为这是直接回用，也有人认为这是间接回用。

为未来找水

圣迭戈市暂时还没有陷入严重的用水困境，所以一些专家认为应该考虑采用其他替代方案。太平洋研究所的主席彼得·格雷克（Peter Gleick）对水资源再利用表示出了足够的兴趣，但他认为，想让加利福尼亚州采用直接回用技术，还需要几十年的时间。他说："这里还没有必须使用再生水的紧迫感。"格雷克认为，加利福尼亚的各个城市应该更关注节约用水，以及如何优化农业用水。尤其是农业，因为农业用水占该州用水总量的80%左右。但贝伦斯觉得，圣迭戈市的公民已经在节约用水方面做得很好了，"我们不会长时间洗浴，只在早晚凉快的时候才浇灌花草"。施泰雷尔也说，节约用水是自愿行动，很难依赖它来制定用水规划。

在废水处理技术方面打好基础是明智之举。2000年，新加坡启动了第一个再生水处理厂。现在正在运行的四个水处理厂都非常出色，能生产出地球上最纯净的再生水。这些水在出厂前，都会排入当地水库，与未净化的水混合——其中只有不到5%的再生水会用作饮用水，其余的水都会用于工业生产。新加坡40%的水来自邻国马来西亚。即使和马来西亚关系恶化，新加坡也能生产更多的再生水。

一些社区可能担心净化废水的费用太高。圣迭戈市的研究表明，对于间接回用设施，如果每天生产5.7万立方米的净化水，成本约为每立方米1.63美元，和一些城市从外地引水的成本相当。如果利用前面提到的AWPF技术来生产直接再生水，成本为每立方米0.57～0.98美元。目前，圣迭戈市附近的卡尔斯巴德市正在建设波塞冬海水淡化厂，相关工作人员估算，该厂淡化海水的成本为每立方米1.52～1.70美元。但是，一个独立机构估计，加利福尼亚州淡化海水的成本为每立方米1.63～2.44美元，实际成本可能比这个数字更多。

如果AWPF能投入使用的话，不论是以直接回用还是间接回用的方式，都可以算作是一次胜利。水资源回用将成为当地可靠的水源供给方式，能减少直接排向海洋的污水，还能为当地节省数十亿美元的污水处理厂改造费。但是在那之前，这些水还是会通过管道运输到工业区，紫色的管道上也会清楚地写着"禁止饮用"。

圣迭戈市有机会引领世界，让我们重新思考如何去看待和使用污水。乔巴诺格劳斯说："水是一种可重复利用的资源，而不是废料的来源。"一旦意识到这一点，政府将像私人企业一样尝试利用它。可能还需要十年的时间，才能让加利福尼亚州有对应的法律条文，才能让圣迭戈市将再生水直接输向当地居民的水管。"我们希望喝到这种水，也希望让大家来品尝它。"施泰雷尔说，他非常期待将来能有机会喝上一杯再生水。

扩展阅读

Direct Potable Reuse: A Path Forward. George Tchobanoglous et al. WateReuse Research Foundation and WateReuse California, 2011. Available as a PDF at http://aim.prepared-fp7.eu/viewer/doc.aspx?id=39
Water Reuse: Potential for Expanding the Nation's Water Supply through Reuse of Municipal Wastewater. National Research Council et al. National Academies Press, 2012. www.nap.edu/catalog.php?record_id=13303
Potable Reuse: Developing a New Source of Water for San Diego. Marsi A. Steirer and Danielle Thorsen in Journal–American Water Works Association, Vol. 105, No. 9, pages 64–69; September 2013.
Advanced Water Purification Facility: www.sandiego.gov/water/waterreuse/demo

南极大崩解

冰川崩解，涌向大海，速度比所有模型预测的更快。科学家正全力以赴，弄清南极大陆冰架消融的速度及其对海平面升高的影响。

撰文 / 道格拉斯·福克斯（Douglas Fox）

摄影 / 玛丽亚·斯滕泽尔（Maria Stenzel）

翻译 / 冉隆

————| 精彩速览 |————

　　南极洲边缘的大量冰架在破碎分离，从而使其支撑的巨大冰川滑入海洋，抬升海平面。

　　科学家需要更好地了解冰架崩解的原因和速度，从而更好地估测未来海平面的上升情况。

　　冰川的卫星数据不够详细，难以做出准确估计。科学家最近对南极洲进行了一些考察，在那里安装仪器，这将为他们提供所需的信息。

　　本文作者者道格拉斯·福克斯陪同科学家们进行了8个星期的科考旅行，留下了许多趣事，记录了旅行经历。他还介绍了数据流和科学家对地球前景的预测。

"纳撒尼尔·帕尔默号"破冰船带领科学家跨越南极大陆海岸附近的威德尔海。

道格拉斯·福克斯是美国旧金山的自由科学作家，为《大众机械师》、《时尚先生》等杂志撰稿。他在《环球科学》2011年第8期撰写的《人类智力已至极限》一文，入选《2012年最佳美国科学作品选集》。

1995年，10名阿根廷士兵目睹了一次他人不曾见过的灾变，从此改变了我们对气候变化的认识。

这些士兵驻扎在阿根廷马廷索中尉站（Matienzo），考察站由一些钢构小屋组成，建在楔形火山岩上，火山岩突出海面形成岛屿，离南极大陆50千米。岛的周围是大片来自冰川的冰，面积达1500平方千米。虽然冰架漂浮在海面上，但它厚达200米，坚如基岩。不过，海军上校胡安·佩德罗·布吕克纳（Juan Pedro Brückner）感觉有些不大对劲。冰面上到处都是冰雪融化形成的水坑。当融水渗入密布的下斜裂缝时，布吕克纳可以听到潺潺的响声。无论白天还是黑夜，士兵们都能听到剧烈的震动声，就像地铁列车从床下通过一样。隆隆的响声越来越强烈，越来越频繁。

一天，士兵们在一间屋子里吃午饭时，被巨大的轰隆声吓坏了。"声音很大，就像火山爆发那样。"布吕克纳回忆说，他们立即冲出屋子，与他们所在小岛相连的冰架正在分离出去。变化如此猛烈，士兵们担心冰架断裂会把小岛和基岩撕开，让小岛像一截木头那样滚入大海。士兵们把仪器放在脚边，如果地面开始倾斜，仪器就会向他们发出警告。熬过了几个紧张的日子后，士兵们全部搭乘直升机转移到北边200千米的另一个考察站。岛留下了，地图却永远地改变了。

布吕克纳及其同事亲眼目睹了拉森A冰架的崩解，这是一个标志性事件。总而言之，随着南美洲南部到南极半岛最北端逐渐进入温暖的夏天，南极半岛东部的4个冰架（包括拉森A冰架，由北向南，朝着南极大陆的方向）以一种惊人的方式依次崩解。

一旦冰架消失，海湾背后堆积的高耸冰川就很容易滑入大海，从而大大增加海洋容积。科学家仍然不知道是什么原因触发了冰架崩解，也不知道未来何时会再次发生冰架崩解。因此，他们竭力估计冰川向海洋倾泻冰的速度，以及由此引起的海平面上升幅度。

2007年，政府间气候变化专门委员会（Intergovernmental Panel on Climate Change, IPCC）发布了一份里程碑式的报告，虽然这份报告估计，到2100年，海平面的上升幅度仅为18～59厘米，但冰川学家担心，日益加速的气候变化可能会使冰川消融速度提高一个数量级，使海平面上升幅度比预期的要高得多。冰架崩解可能正好形成这样的反馈系统。

虽然南极半岛仅拥有南极大陆冰的一小部分，但美国科罗拉多州博尔德国家冰雪数据中心冰川学家西奥多·斯坎博斯（Theodore Scambos）说，南极半岛是"一个天然实验室，它只是拉开了电影序幕，未来50～100年南极洲其余地区将陆续上演同样的景象。"

理解这个大自然所做的实验已成当务之急。科学家需要了解冰架崩解的速度及其消亡的原因，从而更好地估计未来海平面的上升幅度。美国马萨诸塞大学阿默斯特分校冰盖建模者罗伯特·迪康托（Robert DeConto）说："模型预测经常都很保守，低估了变化的幅度。我们只是守着现有模型，等待数据的出现。"最近，研究人员多次考察了冰封的南极，安装了仪器，这些仪器不断地为科学家提供着所需的信息，基于这些数据的最新预测令人忧心忡忡。

UK211冰山历险

南极冰架消失事件的首次记录大约是在25年前。在1986年拍摄的卫星照片上还有拉森湾冰架，它是拉森A冰架的一部分，位于拉森A冰架北部，面积为350平方千米。而在1988年拍摄的另一幅图像上，大部分拉森湾冰架都不见了踪影。没有人知道它是怎样消失的。

1995年，南半球的夏季让人们开了一些眼界。如今，拉森A冰架的崩解已经众所周知，北面60千米处的古斯塔夫王子冰架也消失了。斯坎博斯说："古斯塔夫王子冰架的崩解完全在意料之外。"多年来，他与英国南极调查局（British Antarctic Survey, BAS）的科学家一道，利用卫星连续监测南极大陆冰架。冰架崩解的影响已经波及整个区域。

在古斯塔夫王子冰架消失前的航拍照片中，隆起的索格仑冰川表面光滑，从大陆到海湾逐渐倾斜，缓慢移向冰架和海洋。但是，15年后，索格仑冰川景象凄凉，裂隙密布，中间下陷。古斯塔夫王子冰架消失后，索格仑冰川滑向海洋的速度比以前快了

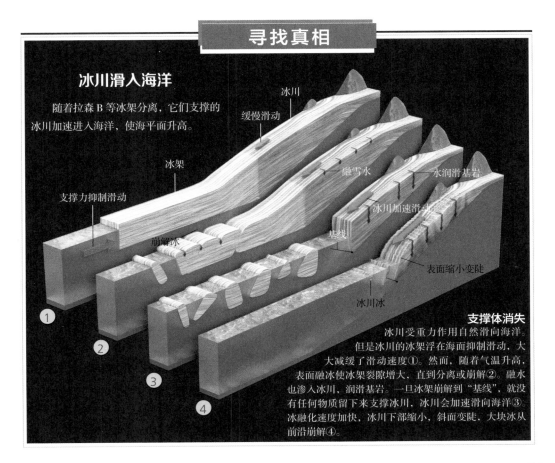

寻找真相

冰川滑入海洋

随着拉森B等冰架分离，它们支撑的冰川加速进入海洋，使海平面升高。

冰川
缓慢滑动
冰架
融雪水
水润滑基岩
支撑力抑制滑动
冰川加速滑动
崩解冰
基线
表面缩小变陡
冰川冰

支撑体消失

冰川受重力作用自然滑向海洋。但是冰川的冰架浮在海面抑制滑动，大大减缓了滑动速度①。然而，随着气温升高，表面融冰使冰架裂隙增大，直到分离或崩解②。融水也渗入冰川，润滑基岩。一旦冰架崩解到"基线"，就没有任何物质留下来支撑冰川，冰川会加速滑向海洋③。冰融化速度加快，冰川下部缩小，斜面变陡，大块冰从前沿崩解④。

①
②
③
④

好几倍。20米宽的裂隙贯穿表面，下面600米厚的冰层变形，向海下延伸。巨大的冰山从索格仑冰川前沿分裂出去并漂走；现在索格仑冰川前沿与峡湾的距离比以前增大了15千米。

斯坎博斯说："如果前方的冰架消失，单个冰川会突然加速流动，流向此前冰架所在的位置。不只是加速一点点，而是加速到2倍、3倍、5倍，甚至8倍。"

过了七个夏季，在2002年，拉森B冰架崩解成数百块摩天大楼大小的碎片。拉森B冰架在拉森A冰架正南边，面积约3360平方千米。不久后，阿根廷南极研究所的冰川学家佩德罗·史克瓦卡（Pedro Skvarca）飞越此地，他说："几天前，我们在曾经覆盖有300米厚冰层的地方看到了鲸。我们非常惊讶。"

漂浮的冰架消失后，后方的冰川也就失去了能够稳定它们的支撑体。崩解的结果是，超过150立方千米的冰川冰脱离陆地，进入海洋。如此巨大的重量消失后，连地壳也抬升了。拉森B冰架崩解之后，研究人员在冰架西边150千米处的安特卫普岛基岩上安装了灵敏的全球卫星定位系统（GPS）测量仪器，观测结果表明，地质构造的抬升速度增加了近2倍，从每年0.3厘米增加到每年0.8厘米。

正常冰架往往脱落或"崩解"出片状的大冰山，有时面积会大于4000平方千米。但是，拉森B冰架的崩解方式大不相同。卫星仪器中分辨率成像光谱仪耗时35天以上，拍摄了7张清晰的图像，这些图像显示，拉森B冰架分裂成了数百个冰山，这些冰山大约宽130米，厚160米，长1000米。冰山形状就像俄罗斯方块游戏中纷纷落下的窄而长的几何模块，它们脱离冰架边缘，进入海洋，截面呈现冰川的蓝色。研究人员以前从来没有见过这种崩解方式。冰架崩解的机制迄今尚未确认。

2006年3月，斯坎博斯和史克瓦卡首次尝试了解冰架崩解的机制。在昏暗寒冷的一天，一架阿根廷海军直升机降落到一块宽阔的冰山上时，发生了可怕的侧向反弹：冰山均匀的乳白色让飞行员产生了错觉，并没有意识到旋翼已经降到了危险的高度。斯坎博斯、史克瓦卡和另外4位科学家后来爬出了直升机。这座被称为UK211的冰山，3年前从距其南面385千米的拉森C冰架崩解出来，现在正漂向南极半岛北部的温暖地区。斯坎博斯等人希望把它作为冰架崩解的实验模拟物。

接着，他们在UK211冰山上建立了名为自动触冰地球物理学观测系统（Automated Met-Ice Geophysics Observation Systems, AMIGOS）的仪器站，该系统将监测冰山的"健康"恶化状况。GPS装置追踪冰山的位置，气象站监测风和温度，摄像机记录表面积雪融化情况。摄像机能够跟踪钻入冰山的标杆，从而显示雪融化导致的雪量减少的速度。摄像机还能够跟踪研究小组安装在冰山边缘之外2.2千米的标杆线。如果标杆线开始弯曲，就表明冰山在变软、弯曲。

斯坎博斯和史克瓦卡对UK211冰山进行了8个月的追踪，利用卫星电话与AMIGOS进行交流。UK211冰山初始面积为12千米×10千米，慢慢地它缩小了一半。2006年11月23日，AMIGOS最后一次发回信号。几天后，UK211冰山消失了，把AMIGOS送进了海底。

UK211冰山发生过许多变化，但是在该冰山消失前的变化是积雪融化，积雪融化把冰山表面变成了水洼。斯坎博斯说，融水可能已经渗透到冰山内部，使冰山变得不稳定。但在这次观测实验中，他并没有看到冰山崩解的时刻——只是知道，哪些因素会导致冰山崩解。而且，由于UK211冰山是自由漂浮的冰山，不是冰架，斯坎博斯无法量化其崩解对冰川流动速度的影响。

解决方案

上述问题促使斯坎博斯于2010年加入了艰难而又关键的斯卡湾冰架考察活动，这个冰架是拉森B冰架崩裂后剩下的部分。冰云和地面高度卫星（ICESat）搭载的激光测高仪记录了冰川向拉森B冰架和斯卡湾输入冰而变薄的情况（用冰面降低表示）——可惜测高仪已于2010年年初报废。根据其他卫星的干涉合成孔径雷达所观测到的数据，我们可以获知，在一个较长时间范围内，冰架后方的冰川冰流入海洋的速度的平均值。但是，该技术不能记录冰川漂移等突发事件。自2003年以来，重力恢复和气候实验卫星（GRACE）通过地球引力变化来测定冰的减少量，但精确度不高，只能发现数百千米规模的冰川变化。

斯坎博斯预测，斯卡湾冰架将在几年之内崩解，他打算在那里安装地面传感器阵列，以记录灾变事件。2010年，我们坐在"纳撒尼尔·帕尔默（Nathaniel B. Palmer）号"破冰船里的时候，斯坎博斯说："我们想从一开始，就能以以往卫星做不到的详细程度监测灾变过程。我们希望最终能见证'大片上演'。""帕尔默号"破冰船重6000吨，为美国南极项目服务。

在2010年1月到2月的57天里，"帕尔默号"破冰船沿着南极半岛，破开厚达2米的季节性冰向斯卡湾冰架前进。斯坎博斯等20多位驻船科学家希望能向斯卡湾冰架靠得足够近，从而消除关键的认知盲点。

然而，考察才进行几天，他们就陷入了困境。由于洋流和海风，严重的海冰袭击南极半岛，阻止了"帕尔默号"破冰船的前进，与斯卡湾冰架的距离始终无法进入简易直升机的飞行半径之内。这样，1月26日，斯坎博斯和另外4位冰川学家——包括美国阿拉斯加大学费尔班克斯校区的马丁·特吕费（Martin Trufer）和埃琳·佩蒂特（Erin Pettit）——在一个英国研究站下了飞机。一架"双水獭"飞机从那里把他们送到第一现场。该小组花了三个星期时间，乘飞机在斯卡湾冰架和为之提供冰的冰川之间来回奔波。

在暴风雪平息的日子里，研究人员在斯卡湾冰架和弗莱斯克冰川下游安装了AMIGOS（他们计划2013年在莱帕德冰川下游安装另一个AMIGOS）。他们在弗莱斯克冰川和莱帕德冰川更高之处建立了更简单的气象站和GPS站，在可以俯瞰斯卡湾冰架的海岸悬崖峭壁上安装可操纵的摄像机。

在斯卡湾冰架上的工作过程中，斯坎博斯小组的成员经常遇到意外情况。当他们在营地周围挖掘的时候，铁锹常常陷入空洞——薄薄雪层掩盖了冰中的裂隙。有一天，连飞行员都陷进了一条齐腰深的隐藏裂隙。这些裂缝先前可能被埋在更厚的雪层下面，但是在炎热的夏季，雪层融化了，裂缝显露出来——这正是布吕克纳和他的阿根廷士兵们所看到的拉森A冰架崩解前几天的情形。

或许在不久后的一个夏天，斯卡湾冰架就要越过临界点。融化和再冻结的反复循环将使冰架表面硬化，直到它能支撑巨大的融水洼。这些水洼中的水将流入暴露的裂隙。随着水在裂隙中累积起来，重量会使裂隙越来越深——"像楔子一样。"斯坎博斯说——直到它们到达冰层底部，切割出细长的俄罗斯方块式的冰山。一个裂隙洞穿冰架就会产生冲击波，把更接近陆地边缘的裂隙震开。整个冰架可能在几天之内就崩解——也许只要几个小时。

斯坎博斯认为，斯卡湾冰架就将这样消失。他将用AMIGOS来检验这个理论。摄像机将显示融雪水洼形成、裂隙显露以及水流入裂隙的情况。标杆线照片将显示冰架受压和变形的情况。脊顶摄像机将记录冰山崩解的方式。弗里斯克冰川和莱帕德冰川上的AMIGOS将显示，随着支撑冰架的崩解，冰川流动是如何加速的。利用每个冰川上下游的考察站，斯坎博斯将看到冰川反馈的动态变化——冰川底部在上层加速之前加速，从而导致冰川像索格仑冰川那样随着裂隙而拉伸、变薄，变得伤痕累累。斯坎博斯说，斯卡湾冰架"处于崩解的边缘"。

石头、资料、剪刀

在南极半岛上，已经失去冰架支撑的冰川确实在以每年5～10米的速度变薄。这些数据来自激光高度计，以前高度计由现已失效的ICESat卫星携带，最近由飞机携带。关键问题是，12,000年前，上一次冰河时代结束以来，冰川就在逐渐变薄，现在得把这种自然变薄的速度与前述冰川崩解的速度进行比较——特别是要确定，最近这样的冰架崩解是否确实是史无前例。"帕尔默号"破冰船上的随船地质学家、美国伯克利地质年代学中心的格雷格·巴尔科（Greg Balco）希望回答这个问题。

在一个阴冷的早晨，直升机把我和巴尔科从"帕尔默号"破冰船转送到西边30千米处的索格仑冰川。1995年，索格仑冰川的冰厚有600米，正好位于崩解的古斯塔夫王子冰架前面，而现在这里却只有海水了。

直升机把我们送到海湾旁边一个光秃秃的圆形山上。山顶灰白色的层叠基岩被磨成了光滑的曲线，布满打磨标志——这是在数千年前冰川流过基岩之后留下的痕迹，说明曾从这里经过的"年轻时"的索格仑冰川更厚实。巴尔科说，这些基岩被"打磨得很漂亮，看起来冰川就像上周才消失"。四周散落的棕色火山巨石和花岗岩明显与基岩不匹配。索格仑冰川把它们从遥远的地方带到这里，随着冰融化，就把它们丢在现在的地方。

巴尔科利用这些奇怪的岩石，推算数千年来索格仑冰川变薄的速度。他在山上择路而行，在各个高度采集岩石。回去之后，他分析岩石，测量稀有同位素铍10的含量，从而确定岩石暴露于阳光下的时间——宇宙射线照射岩石，会形成铍10。通过测量山上不同高度的岩石接受阳光照射的时间，巴尔科能够计算出冰川变薄的速度，以及山坡再次见到阳光的时间。

考察一年后，巴尔科分析了从索格仑冰川和德里加尔斯基冰川收集的岩石。结果表明，这两个冰川在过去4000年里至少发生过一次大消退，古斯塔夫王子冰架和拉森A冰架这期间至少崩解过一次。

因为船舶遭遇到海冰的问题，巴尔科从来没有到达过拉森B冰架。不过，海洋地质学家尤金·多马克（Eugene Domack）估计了拉森B冰架的年龄，他主持了前述的2010年考察工作。多马克是美国哈密尔顿学院的环境学教授，在先前的几次考察活动中，他设法到达了拉森B冰架曾经所在之处。多马克小组在拉森B冰架崩解前的位置，从这里的海底挖掘出了数段3米长的沉积物柱。从开阔海洋下面采集的岩芯常常因硅藻这种微小的植物而呈绿色，这是因为硅藻死亡后会沉在海底。但是，他们钻取的岩芯不含任何海藻。冰川磨蚀产生了一层又一层奶油般的细淤泥，这表明拉森B冰架至少遮挡了这个区域11,000年。分析有孔虫（foraminafera，一类古老的原生动物，5亿多年前就出现在海洋中，能分泌钙质或硅质）外壳中的碳14含量，能确定岩芯各层的"年龄"。

多马克采集的岩芯中，最古老部分年龄有11,000年的历史。但他说，拉森B冰架可能存续了10万年，也就是最后一个冰河时代开始的时间。

巴尔科和多马克的成果可以表明，最近几千年来，南极半岛最北端的冰架已经形成、消失过了。但当冰山崩解链从南极半岛顶端朝南部大陆移动，来到拉森B冰架和斯卡湾冰架时，南极正在进入前景不妙的历史性异常阶段。

内爆，然后加速

"帕尔默号"破冰船返回智利蓬塔阿雷纳斯港口18个月之后，斯坎博斯通过卫星，在美国博尔德的办公室里审查数据流。斯卡湾冰架仍然没有崩解，但根据地面仪

数据挖掘：直升机把仪器运送到正在滑向大海的冰川（见上图）。从巴里拉里湾海底采集了长长的冰芯，可以确定过去几个世纪海水被冰架覆盖的时间。

器得到的数据，科学家已经得出了一些完全出人意料的结论。例如，研究者曾认为，即使半岛冰架经历了酷热的夏季，冬季仍然会为它们增添新雪。但是，当斯坎博斯小组在2010年11月返回考察站进行维修时，他们发现斯卡湾冰架暴露出的裂隙过于密集交错，飞机无法着陆。当"双水獭"飞机掠过斯卡湾冰架的上空时，他们在9个月前留下的引导和起落标志依然清晰可见：一个冬天过去了，应该有新雪留下，加固了斯卡湾冰架，但事实是冰架反而离崩解更近了一步。

同年7月14~15日，在极地冬季的深夜，发生了另一个意外。斯卡湾冰架的AMIGOS记录到了一次热浪。这里的温度突然飙升43℃，达到了暖烘烘的10℃——在美国就是穿衬衣的天气了。热浪由西向焚风（foehn）引起，当空气由半岛群山向下运动，受到压缩和加热就形成了焚风。与此同时，在AMIGOS安装点冰下数米埋置的热敏电阻记录到了一股暖脉冲，这表明融化的雪水在向下渗透。

没有人知道焚风的发生频率，但斯坎博斯说："我们可能错过了一些重要事实。"过去30年，南极洲海岸线的平均风速提高了10%～15%。现在，风每年能从南极洲表面吹走500亿～1500亿吨雪，把雪吹向海洋，它们在海洋里融化。随着风的强度增大，吹走的雪量也可能增加，可能以任何人都不能预期的方式让冰架前景恶化。

此外，多马克在拉森B冰架和斯卡湾冰架周围的露头基岩上安装了三个高精度GPS，这些GPS显示，该区域目前每年抬升1.8厘米。多马克说，大量冰川消失使地壳回弹得"非常快"，远远高于150千米外一个GPS站所估测的0.8厘米。当斯卡湾冰架内爆，后方的冰川涌入海洋时，地壳抬升速度将再次增大。多马克说，测量抬升情况，就可以估算释放冰量。测量斯卡湾冰架，就可以更好地预测在更南边其他冰架消失的时候，会有多少冰消失。

更多冰架将会崩解是必然结果。0℃的夏季平均温度，似乎代表冰架可以存在的最高温度。夏季平均气温0℃等温线正沿着南极半岛顶端向更南的大陆慢慢收缩，这表明年均温度正逐渐升高。仅仅10年间，这条看不见的线所经之处的冰架已经崩解了。紧接着，拉森C冰架就要消失，它位于拉森B冰架和斯卡湾冰架以南，面积49,000平方千米。流入拉森C冰架的冰川多于其他所有崩解冰架的总和，而在拉森B冰架北端，已经有了夏季融雪水洼。更令人担忧的是，与大陆相连的冰架——它们支撑着更大的冰川，如派恩岛冰川、思韦茨冰川和图特恩冰川。由于洋流越来越暖和，这些冰架正从底部开始融化，而不是像拉森冰架那样，从上往下融化。结果是相同的：自1994年以来，派恩岛冰川只变薄了15%，然而它后方的巨大冰川的变薄速度却加快了70%。

冰架崩解对冰川消亡的全面影响短期内还不能弄清。2011年，斯坎博斯、特吕费和佩蒂特发布了一项研究，他们发现一个冰川甚至在冰架消失15年后仍会继续加速流动：洛斯冰川（过去流入古斯塔夫王子冰架）的流动速度现已达到以前的9倍。

这种冰川流动加速可以解释美国航空航天局喷气推进实验室埃里克·雷格洛特（Eric Rignot）和伊莎贝拉·维利科格纳（Isabella Velicogna）的最新观测结果。他们发现，南极洲的冰损失量实际上每年大约增加25立方千米。

IPCC在2007年估计，到2100年，海平面将上升18～59厘米，这个估计没有考虑任何冰架的影响。雷格洛特说，IPCC的那次估计"其实散布了错误的信息，可能与海平面的实际上升程度相差2～3倍。"他说，到2100年，"海平面很容易上升1米。"芬兰赫尔辛基大学马丁·弗米尔（Martin Vermeer）在2009年发布的分析报告中预计，到2100年海平面会上升75～190厘米。

这些迹象暗示，需要进一步监测拉森地区，但该区域一直在为难那些试图打探它秘密的人。在2010年帕尔默破冰船考察之前，多马克曾5次搭乘科研船到过该区域，其中3次因为严重的海冰问题而没有到达目的地。他承认："这着实令人沮丧。"但问题的重要性迫使他和斯坎博斯重返征途。

扩展阅读

Glacier Surge after Ice Shelf Collapse. Hernán De Angelis and Pedro Skvarcain Science, Vol. 299, pages 1560–1562; March 7, 2003.

Stability of the Larsen B Ice Shelf on the Antarctic Peninsula during the Holocene Epoch. Eugene Domack et al. in Nature, Vol. 436, pages 681 –685; August 4, 2005.

Calving and Ice-Shelf Break-up Processes Investigated by Proxy: Antarctic Tabular Iceberg Evolution during Northward Drift. T. Scambos et al. in Journal of Glaciology, Vol. 54, No. 187, pages 579–591; December 2008.

全球变暖最终结局

我们对地球的影响有多深远？

撰文 / 肯·卡尔代拉（Ken Caldeira）

翻译 / 阮南捷

精彩速览

今天排放到大气中的二氧化碳在随后数十万年中都会影响地球，气候科学家通过构建数学模型，可以预测地球未来的样子。

不久的将来，工业文明继续排放越来越多的温室气体，这会导致到21世纪末气温越来越高，海洋酸化，天气越来越怪异。

遥远的未来，如果燃烧化石燃料产生的温室气体排放量不减少，海平面可能上升120米，两极地区将越来越温暖。所有现存人类文明必须做好准备适应这些变化。

不久的将来：工业文明继续排放越来越多的温室气体，这会导致到 21 世纪末气温越来越高，海洋酸化，天气越来越怪异。

肯·卡尔代拉是美国斯坦福大学卡内基科学研究所全球生态学系的气候学家。他研究与气候、碳和能源系统有关的问题。卡尔代拉的主要研究工具是气候和碳循环模型，他还从事与海洋酸化有关的实地研究。

　　企业、政府或者技术层面的预测，通常只能展望5～10年后的事情，最长50年。而一些气候科学家则会谈论21世纪末的事情。实际上，今天排放到大气中的二氧化碳在随后数十万年中都会影响地球。这些温室气体怎样改变遥远的未来呢？没有人能够肯定地球究竟将如何反应，但是，基于我们对过往气候系统以及影响气候的各种复杂过程的认识，再加上物理、化学规律，气候科学家可以构建数学模型，预测地球未来的样子。

　　我们已经见识了许多成熟模型所展示的未来情景。预测显示，陆地变暖会比海洋厉害；两极变暖会比赤道附近厉害；冬季变暖会比夏季厉害；夜间变暖会比白天厉害。极端的倾盆大雨会越来越普遍。在北极，冰雪覆盖区域会越来越少，富含甲烷的永久冻土开始融化。天气将变得越来越怪异，多余热量还会引发风暴。

　　人类引发的气候变化最终会发展到什么程度？历史上最好的例子就是长达1亿年的白垩纪气候。当时，具有坚韧皮肤的恐龙在湿热空气的笼罩下生活，这种鳄鱼模样的动物在北极游荡，大量植物在富含二氧化碳的空气中繁荣兴盛。现在，温室效应的影响将持续数十万年以上。不过，首先它将深刻影响地球上的许多生命，特别是我们人类。

意大利惊现沙漠

　　气候预测最大的不确定因素之一就是最终排放到大气里的二氧化碳量。本文中，作者假定工业文明继续保持过去200年的状况——也就是说，化石燃料消耗速度加快，直至我们再也不能承受化石燃料开采的后果。

我们能够向大气排放多少二氧化碳？总体而言，大约1000万亿吨有机碳以各种形式固定于地球沉积物壳中。到目前为止，我们仅仅燃烧了上述有机碳的0.05%，大约相当于0.5万亿吨二氧化碳。

有这么多固定在地壳中的碳，我们不可能把化石燃料都用完。现在，我们从油砂中开采石油，利用水力压裂法开采页岩中的天然气——人们曾经认为，开采这两种资源在技术和经济上都是不可行的。无人能预测智慧能让我们走多远。然而，最终的开采成本和加工成本将变得非常高，使得化石燃料比替代资源更加昂贵。本文设想的方案中，今后几个世纪，我们最终大概能消费可用有机碳的1%。从技术可行性上看，在可以预见的未来，这样的开采量是很可能达到的。我们进一步假定，未来人类将学会开采非常规化石燃料，但消费速度却会降低。

如果我们的习惯不发生任何改变，到2100年，地球大约会变暖5℃；当然，实际变暖可能只有它的一半，也可能是它的两倍，这主要取决于云的反馈情况。这一改变也与波士顿、马萨诸塞、亨茨维尔、阿拉斯加等地的日常气候差异相关。

在北半球北纬30度～60度的中纬度带包括美国、欧洲、中国、加拿大大部和俄罗斯大部，纬度每增加1度，年平均气温降低约0.66℃。一个世纪里气候变暖5℃，意味着在这个时期，温度带平均会向极地方向移动800千米以上，即平均每天移动20米以上。松鼠可能跟得上这个速度，而橡树和蚯蚓却难以跟上这个速度。

随后将出现大降雨。地球是行星尺度的热力机。火热的阳光加热赤道空气，热空气随后上升变冷。空气中的水蒸气冷却凝结，以雨水的形式降回地球，地球赤道附近随之形成暴雨带。

水蒸气凝结还会放热，加热周围的空气，使其上升更加迅速。这种干热空气上升到喷气式飞机的飞行高度时，就会向两极横向运动。在高空，热空气向空间散发热量，从而变冷，降回地球表面。阳光穿过这些干燥无云的空气层，加热干旱的地球表面。今天，类似上述情况的干燥空气沉降大约发生在北纬30度～南纬30度，从而形成了环绕地球的巨大沙漠带。

由于温室效应造成的变暖，上升中的空气越来越热。因而，这样的空气需要更多的时间才能变冷并降回地球表面。结果，沙漠带向两极扩展。

撒哈拉大沙漠气候带可能北移。虽然全球降雨总体增加，但是南欧已经遭受了比以往更严重的旱灾，这里的地中海气候可能变得面目全非——要知道，地中海气候一直被认为是世界上最舒适的气候。而到了我们的后代所生存的年代，斯堪的纳维亚气候可能才是最舒适的。

在北半球中纬度地区，生长季节越来越长。春天比过去来得更早——植物开花更早，湖冰融化更早，候鸟回归更早。

这并不是加拿大和西伯利亚农田能得到的唯一好处。植物利用阳光中的能量来使二氧化碳和水发生反应，从而生产食物。在绝大多数情况下，植物通过叶子上的小孔，也就是气孔吸收二氧化碳。当气孔大大敞开的时候，植物能够吸收大量二氧化碳，但大量水分也会通过这些气孔蒸发。大气二氧化碳浓度越高，意味着植物稍微打开气孔，或者形成较少气孔就可以获得它所需的二氧化碳。在二氧化碳含量高的世界里，使用等量的水，植物可以生长更多（植物蒸发减少也导致降雨量进一步下降，由于蒸发吸热，蒸发量减少会导致进一步变暖）。

并不是所有地方都能得到这样的好处。在热带地区，高温已经危害着许多作物，随着全球变暖，这种热危害可能更加严重。未来全球作物总产量可能会增加，北部产量的增加量会超过赤道附近产量的减少量。全球变暖可能不会减少粮食总产量，但是，富庶地区可能产量越来越高，而贫穷地区产量越来越低。

变化的海洋

浩瀚的海洋可以抑制气候变化，但改变还是会发生。据科学家预测，除了大规模灭绝事件以外，海洋未来几十年在化学层面上的变化会是前所未有的。二氧化碳进入海洋，会与海水反应，生成碳酸。在碳酸浓度足够高的时候，其会溶解许多海洋生物的外壳和骨架，特别是那些可溶性碳酸钙，即霰石构成的外壳和骨架。

科学家估计，1/4以上的海洋生物都会在珊瑚礁中度过生命的一段时间。珊瑚骨架由霰石组成。即使化学条件没有恶化到使外壳溶解的地步，在酸化反应的影响下，海洋生物想要构建骨架也会变得更加困难。只要短短几十年时间，海洋中就可能没有任何地方能保留过去那种支持珊瑚礁生长的化学条件。不知道有多少依赖珊瑚的物种将会随着珊瑚礁的消失而消失。

这种化学变化将以最直接的方式影响珊瑚礁的生存，但我们还应该看到正在发生的物理变化，这才是比较明智的。在最基本的层面上，水就像温度计中的水银：受热，然后你就可以看到它上升。气温升高后，现在固定在冰帽中的水将注入海洋。

在遥远的过去，二氧化碳含量很高时，地球足够温暖，鳄鱼模样的动物生活在

快速变化

气候：从过去看未来

如果我们继续随意燃烧化石燃料，不减少二氧化碳等温室气体的排放，地球将发生改变。全球气温已经上升了将近1℃，而北极地区升温是这个数量的两倍以上。两极平均气温最终可能上升10℃，这足以释放以冰的形式存储在格陵兰岛和南极洲冰川中的大量水源。这些水进入海洋，会使海平面升高120米。大气二氧化碳浓度将达到白垩纪时期的水平——当时，恐龙在地球上漫游，一个巨大的内陆海把北美一分为二，鳄鱼模样的动物栖息在两极。

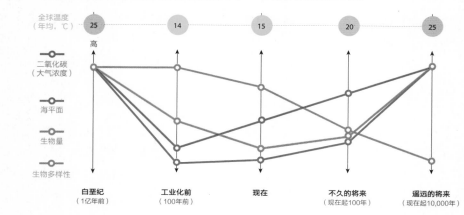

遥远的未来：如果燃烧化石燃料产生的温室气体排放量不减少，海平面可能上升120米，两极地区将越来越温暖。所有现存人类文明必须做好准备适应这些变化。

北极圈北部。大约1亿年前，极地年平均气温曾达到14℃，夏季平均气温超过25℃。而再过几千年，这样的温度足以融化格陵兰岛和南极洲的巨大冰盖。随着冰盖完全融化，海平面可能上升120米，淹没广阔的地区。水的重量将使大陆低地进一步沉入地幔，导致水面越来越高。

科学家预计，两极变暖速度大约是全球整体的2.5倍。北极变暖的速度已经比其他任何地区都快，全球变暖0.8℃，北极大约变暖2℃。在上一次冰河时代的末期，当气候在数千年里大约变暖5℃的时候，冰盖融化使海平面每100年大约上升1米。我们希望，也预计这次冰盖融化的速度不会更快，但还不能肯定。

又一颗金星？

过去数百万年间，地球气候波动造成巨大冰盖不断消失，又不断出现。温室气体的排放严重破坏了这一复杂的系统。我曾提出过一种设想，在这种设想中，气候演变是很缓和的，但还是可能存在剧烈的气候波动，超过生物、社会和政治系统的应付能力。

想想吧，北极变暖可能导致北极海床和土壤中数千亿吨甲烷迅速进入大气。在大气中，一个甲烷分子的吸热能力比一个二氧化碳分子大约强37倍。如果这些甲烷突然释放出来——就像5500万年前发生的古新世－始新世极热（Paleocene-Eocene Thermal Maximum，PETM）事件那样，我们可能会遭遇真正的灾难性气候变暖。然而，大多数科学家认为这种危险还是非常遥远的事情。

一些科学家还认为，永久冻土融化等反馈效应可能导致失控的温室效应，使海洋变得非常热，以致发生蒸发。水蒸气本身也是一种温室气体，这种更强大的水循环可能导致地球非常炎热，使得大气水蒸气持续存在，永不下雨。如果这样，来自火山和其他来源的大气二氧化碳会持续累积。宇宙射线会在高空分离水蒸气，由此形成的氢气最终会逃到太空。随后，地球气候将进入的那种状态会让我们想起行星邻居金星。

幸运的是，即使在非常遥远的未来，海洋蒸发都不会成为温室气体排放的一种未来风险。简单地说，二氧化碳所产生的温室效应，只能把地球加热到一定程度。一旦二氧化碳和水蒸气浓度上升到一定程度，二氧化碳分子和水蒸气分子就会散射更多的入射阳光，阻止地球变得更热。

然而，如果我们继续燃烧化石燃料，大气温室气体的浓度将与白垩纪末期相当。那时的湿热地球上，现在的许多陆地是广阔的内海。巨型爬行动物在海洋中游泳。陆地上，恐龙采食茂盛的植物。今后几个世纪，如果我们只燃烧地壳中1%的有机碳，那么在人类将会呼吸的空气中，二氧化碳浓度可能与恐龙吸入的空气相当，两个时期的温度也会差不多。

与过去温室效应造成的气候逐渐变暖相比，工业革命后的气候变化可以说是在"快进"。在地质历史中，低二氧化碳浓度大气向高二氧化碳浓度大气的转变，通常是以每年小于0.00001℃的速度发生的。而现在，我们正在以5000倍于上述数字的速率重建着"恐龙世界"。

哪些东西将在这样的温室中茁壮成长？老鼠、蟑螂等生物是入侵高手，能够适应纷乱的环境。但其他生物，如珊瑚和许多热带森林物种，经过长时间进化，它们现在只能在特定的环境下生长。因为全球变暖，入侵物种可能改变原有的生态系统。气候变化可能会使世界的物种混乱。

人类文明也处于危险之中。想想玛雅人吧，甚至在欧洲人到达之前，玛雅文明就已经因为相对微小的气候变化而开始崩溃。玛雅人没有进化出足够的适应能力，以抵御雨量轻微减少。玛雅人并非是不适应气候变化的文明的唯一例子。

气候变化引发的危机可能是区域性的。如果富庶的地区越来越富，贫瘠的地区越来越穷，这会导致大规模移民，从而挑战政治经济的稳定性吗？气候变化会加剧现有的紧张局势，从而引发核冲突或其他严重冲突吗？社会会对气候变化做出反应，而这种反应对人类的影响会比气候变化本身更大。

可能的结局

在白垩纪繁盛的木本植物死亡后，其中一部分经过漫长的岁月变成了煤炭。海洋浮游生物死亡后，葬身于沉积物之中，其中一些变成了石油和天然气。随着海洋生物把二氧化碳固定在外壳和骨架之中，气候也变冷了。

千年的时间里，海洋将吸收我们产生的大部分二氧化碳。由此产生的酸化作用将溶解碳酸盐矿物质，溶解的化学作用会让海洋吸收更多的二氧化碳。然而，数万年后，大气二氧化碳浓度仍将远高于工业化前的水平——280ppm[①]。这样的结果就是，因为地球运行轨道的微妙变化而产生的冰河时代将不会再像以前那样反复出现、结束，人类排放的温室气体将把地球锁定在温室状态。

随着时间的推移，温度升高和降水增加将加快基岩和土壤的溶解速率。溪流和江河将把这些含有钙、镁等元素的溶解岩石和矿物带到海洋。也许经过数十万年，一

---

① ppm是表示气体体积浓度的单位，非国际标准计量单位，1ppm=0.001‰。

些海洋生物将吸收钙和二氧化碳，从而形成碳酸盐外壳。这些贝壳和数以百万计的其他生物最终可能变成石灰岩。就像白垩纪大气的残余物英格兰多佛尔怀特克利夫斯一样，我们今天燃烧的化石燃料中的绝大多数碳，将成为岩层中的一层——一个写在石头中的、关于一个物种改变世界的记录。

扩展阅读

Oceanography: Anthropogenic Carbon and Ocean pH. Ken Caldeira and Michael E. Wickett in Nature, Vol. 425, page 365; September 25, 2003.
Climate Change 2007: The Physical Science Basis. Working Group I Contribution to the Fourth Assessment Report of the Intergovernmental Panel on Climate Change. Cambridge University Press, 2007.
The Long Thaw. David Archer. Princeton University Press, 2010.

2036，气候或将灾变

尽管全球气温上升的速度可能达到了一个较平稳的水平，但气候危机仍然可能在不久的将来出现。

撰文 / 迈克尔·曼（Michael E. Mann）

翻译 / 邹立维

审校 / 周天军

---| 精彩速览 |---

地球温度上升的速度在过去10年略微减缓了，但温度仍然在上升，将减缓称之为"停滞"是错误的。

作者通过新的计算显示，如果人类仍以当前的速率使用化石燃料，全球温度的升高幅度将在2036年达到2℃——这将达到一个阈值，超过这个值，就会引发灾难，人类文明将被破坏。

为避免达到阈值，国际社会必须将二氧化碳的浓度控制在405ppm以下。

22 年后的危险

科学家称，如果北半球地表温度较工业革命前（参考线）升高 2℃，人类文明就有可能被破坏。如果人类按照当前速率继续燃烧化石燃料，那么会在何时达到 2℃ 升温阈值？将平衡气候敏感度（equilibrium climate sensitivity，ECS，5 条实线）的估值输入气候能量平衡模型，就能够得到答案。与历史记录（白线）吻合最好的、能够反映地球气候敏感度的曲线表明，地球将在 2036 年达到升温 2℃ 的危险阈值，距离现在只有 22 年了（橙线）。如果能够证明，最近的这种升温速率减弱（有时被不恰当地称为"停滞"）的状态可以持续更久，利用图中的另一条曲线（金色曲线，与过去约 15 年记录相吻合），那么可以得出结论：地球将在 2046 年达到危险线。

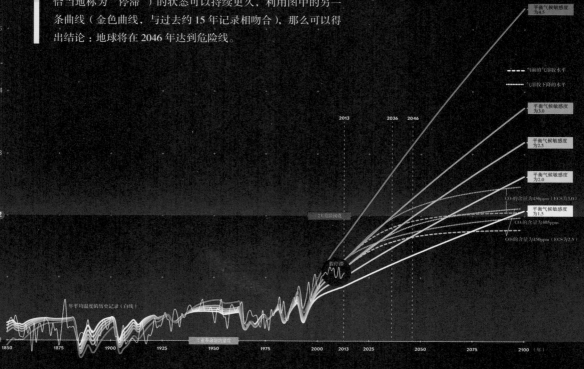

平衡气候敏感度为4.5

"目前的气溶胶水平

气溶胶下降的水平

平衡气候敏感度为3.0

平衡气候敏感度为2.5

平衡气候敏感度为2.0

CO_2的含量为450ppm（ECS为3.0）

平衡气候敏感度为1.5

CO_2的含量为405ppm

CO_2的含量为450ppm（ECS为2.5）

2℃危险阈值

假停滞

年平均温度的历史记录（白线）

工业革命前的温度

如何避免灾难发生

科学家和政策制定者通常认为，要将大气中二氧化碳的浓度维持在450ppm以下，才能避免升温2℃这一灾难的发生（2013年，二氧化碳浓度曾短暂地达到400ppm）。然而，如果ECS值是3℃（橙色实线），那么我们只有按当前速率（橙色虚线）继续排放污染气溶胶（大气中能够部分阻挡太阳辐射的粒子），升温才能限制在2℃以内。因为如果减少煤炭的燃烧，不仅仅是减少了二氧化碳的排放，也会减少空气中气溶胶的数量，这也会使温度达到危险线（橙色点线）。即使敏感度是2.5℃（金线），这些结论依然是成立的。这些数据表明，为有效地阻止2℃升温，二氧化碳应当在405ppm（蓝线）以下——比过去一年观测到的结果393ppm～400ppm的水平略高一点。

迈克尔·曼是宾夕法尼亚州立大学著名的气象学教授，曾为获得2007年诺贝尔和平奖的IPCC工作。其著作《曲棍球棒与气候战争：前线报道》（*The Hockey Stick and the Climate Wars: Dispatches from the Front Lines*）由著名科学家比尔·奈（Bill Nye）作序。

根据《华尔街日报》（*Wall Street Journal*）的报道，"温度进入平稳时期已有15年了——没人能够合理地解释这一现象。"《每日邮报》（*Daily Mail*）称，"全球变暖可能已经'停滞'20多年了，北极海冰也已经开始恢复。"这些关于气候的坚定论断充斥在大众媒体中，但它们都在误导大众。全球变暖没有减弱，而且仍是一个急切的问题（参见《环球科学》2014年第3期《全球变暖停滞了吗》）。

产生这种误解的原因是，数据显示，地球平均表面温度的上升速度在过去10年放缓了。该现象通常被称为"停滞"，但这一描述有些用词不当：温度仍然在上升，只不过没有以前那么快了。在这种情况下，有一个问题变得非常重要：这种短暂的减速，意味着地球在未来会以怎样的方式变暖？

IPCC负责回答这类疑问。根据现有数据，IPCC在2013年9月发布的报告中，调低了对未来变暖的预期。报告每5～7年发布一次，预测全球变暖趋势，对全球气候政策的制定有重要推动作用。因此，即使很小的变化都将引发很多争论，比如地球变暖的速度有多快、我们还有多少时间阻止变暖等。这份报告中，IPCC未对变暖的影响以及如何缓解变暖做出评价，这些会在稍后发布的报告中完成。我已经完成了一些计算，并认为计算结果可以回答这些问题：如果人类继续以当前的速度燃烧化石燃料，全球温度将在2036年上升至会造成环境破坏的阈值。目前的这种"假停滞"现象，为人类多争取了几年时间，让我们可以努力减少温室气体排放，避免全球升温幅度达到阈值。但是，争取的时间也仅仅是几年而已。

"假停滞"之争

2001年，全球变暖引起了全世界的关注。IPCC在这一年发表了一张我与合作者共同设计的简图表，即后来被大家熟知的"曲棍球杆图"。在这幅图上，球杆大致呈水平状态，且自左向右轻微向下倾斜，表明北半球温度在过去近1000年（我们回溯的时间尺度）中只有很小的变化。而球杆的尾部则呈向上的状态，这说明自19世纪中期以来，温度突然且史无前例地出现了上升的情形。这张图引起了大众关于气候变化的激烈争论，我也无奈地成为了公众人物。在2013年9月的报告中，IPCC延长了"曲棍球杆"的时间尺度，并得出这样一个结论：最近的这种变暖情形，在过去的1400年中可能从来都没有出现过。

尽管在过去一个世纪中，地球已经经历了前所未有的变暖历程，但为了估计未来的气候还会如何变化，我们需要知道，大气温度会对日益增高的温室气体浓度（主要是二氧化碳）做何响应——科学家把温度的这种响应称为"平衡气候敏感度"（equilibrium climate sensitivity, ECS）。ECS是衡量温室气体加热效应的常用度量，代表当大气中二氧化碳浓度加倍，且气候达到稳定后，地球表面的升温幅度。

工业革命前，大气中二氧化碳浓度约为280ppm，加倍后的浓度约为560ppm。科学家认为，如果人类和现在一样燃烧化石燃料，21世纪后期二氧化碳浓度就将达到560ppm。更严重的是，随着二氧化碳的增加，ECS的值将变得更高，升温将更快。对于给定的化石燃料排放状况，利用ECS可以很快得到地球表面的升温量。

事实上，要得到ECS的确切值是非常困难的，因为变暖受到云、冰和其他因素的反馈机制的影响。不同的模式对这些反馈机制的确切影响有着不同的结论。这其中，云的影响最为关键。云一方面能够阻止太阳辐射到达地面，因而具有冷却效应；另一方面它又会吸收地球发出的长波辐射，因而具有升温效应。至于哪种效应起主导作用，这依赖于云的类型、分布和高度——气候模式很难预测这些参数。其他的反馈因素包括：在更温暖的大气中的水蒸气量，以及海冰和陆地冰盖的融化速率。

由于这些反馈因素在本质上是不确定的，IPCC提供的ECS值是一个范围，而不是一个单一的数值。在2013年9月份的报告——IPCC第五次主要评估报告中，专家们确定的范围是1.5~4.5℃（约为3~8华氏度）。IPCC调低了该范围的下限——在2007年的第四次评估报告中，下限是2℃。下限值调低基于一个很片面的证据：过去10年，地球表面变暖速度有所放缓，即所谓的"假停滞"。

但包括我在内的很多气候科学家都认为，10年时间太短，不能准确度量全球变暖的趋势，并认为IPCC受到了该短期数值的过度影响。此外，对这个"升温放缓时期"的其他解释，与绝大多数表明温度将继续上升的证据并不矛盾。例如，在过去10年中，火山爆发（包括冰岛艾雅法拉火山）的累积效应使地球表面温度的降低程度，可能比大多气候模型的模拟结果还要强。另外，太阳辐射也有微弱但可测量到的减弱，IPCC的模拟计算亦未考虑。

海洋在吸收热量上的变化也可能影响全球变暖的速度。在这10年的后5年中，热带中东太平洋持续为拉尼娜状态，这会使得全球平均温度较常年偏低0.1℃。较之长期的全球变暖，这是一个小量；但对于10年而言，这就是一个很大的量了。最后，最近的研究表明，北极温度记录的不完整性会让科学家低估全球的实际变暖程度。

这些似乎还算可信的解释中，没有一个表明温室气体对气候的影响程度有所减弱。其他的测量结果同样不支持IPCC修改的1.5℃的下限。结合各类证据，ECS最可能的值接近3℃。事实证明，在IPCC第五次评估报告中所使用的气候模型，暗示了一个更高的ECS值：3.2℃。换句话说，IPCC设定的ECS下限对未来地球气候和当前的"假停滞"可能没有多大意义。

然而，为了进行论证，我们暂将这种"停滞"作为真实情况。如果真实的ECS值比先前认为的低0.5℃，这将意味着什么？它是否会改变我们对化石燃料燃烧所带来的风险的评估？地球将会在多长时间之后达到临界值？

2036，灾难来临？

多数科学家同意，较之工业革命前，升温2℃将威胁整个人类文明，粮食、水、

预测未来

ECS值的判断依据

地球大气达到2℃升温危险阈值的具体时间，取决于二氧化碳浓度上升时大气温度的变化程度。ECS（水平轴）最可能的取值为略低于3℃。为什么取这一值？利用过去很长时间的温度数据，许多独立计算的结果，以及许多气候模型的估计值，都非常接近这个值（各颜色的条状图）。下图中灰色条纹列出了所有证据得出的结果。

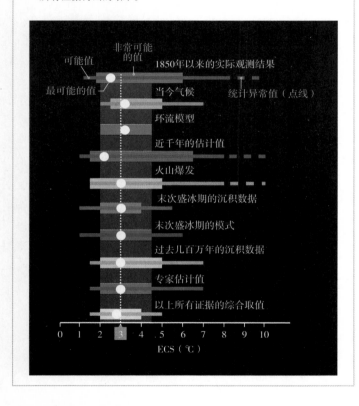

健康、土地、国家安全、能源和经济都会遭到破坏。如果我们以当前速度排放二氧化碳，"升温2℃"将在何时发生？利用ECS值可以对此给出一个估计。

我最近进行的一项计算是，利用能量平衡模型，通过设定不同的ECS值计算未来可能的温度。科学家多用这种模型研究可能的气候变化。利用计算机模型能够得到不断变化的自然因素（火山和太阳等）、人为因素（温室气体、气溶胶污染物等）会使地表平均温度发生怎样的变化（虽然受到过各种批评，但气候模型是我们基于物理学、化学和生物学，来描述气候系统运行机制的最佳方式。而且气候模型也得到过实战验证：数十年前的一些模型就准确预测了近些年的气候变化）。

我利用能量平衡模型，在假定温室气体"照常"排放的前提下，预估了未来的气候变化。通过设定不同的ECS值（从IPCC的下限1.5℃到其上限4.5℃），我利用该模型得出多个结果。将ECS设定为2.5℃和3℃得到的温度变化曲线与历史观测结果最为接近。输入太小（1.5℃）或太高（4.5℃）的ECS值，最终得到的曲线与仪器记录到的数据差别很大，这更加证实了这些值是不现实的。

让我感到惊讶的是，我发现当ECS所取的值为3℃时，地球温度的升高幅度将在2036年达到2℃这一危险阈值——距离现在只有20年了。如果考虑更低的ECS值，例如2.5℃，地球温度将在2046年达到阈值，但也只是延后10年而已。

因此，即使我们接受一个更低的ECS值，结果也不是全球变暖将停止或者"停滞"。它只是给了我们稍多的时间——可能是非常宝贵的时间——来阻止地球升温达到2℃。

回到20世纪中叶？

这些发现表明，我们必须要采取一些实际行动，以防止灾难发生。3℃的ECS值意味着如果要让地球的升温幅度不超过2℃，需要将大气中的二氧化碳浓度保持在远于工业革命以前浓度两倍的水平，大概为450ppm。但具有讽刺意味的是，如果显著减少煤炭使用量，在减少二氧化碳排放量的同时，也减少了大气中气溶胶（酸盐颗粒）的数量，而这些气溶胶可以阻止太阳光的入射。因此，综合这一因果我们要控制升温幅度，就需要将二氧化碳浓度限制在405ppm以下。

我们距405ppm这个极限值已经不远了。2013年，大气中的二氧化碳地达到400ppm，这是有史以来的第一次。根据地质证据，这可能也是近的第一次。为了避免突破405ppm的阈值，化石燃料的燃烧需要立刻完了避免突破450ppm的阈值，全球碳排放的增加也只能再持续几年，少几个百分点。这些都是非常艰巨的任务。如果ECS值确实是2.5℃，会稍容易些。

即使这样，还需要考虑相当多的因素。将二氧化碳限制在4免地球温度升高2℃，这一结论只是比较保守地考虑了气候系化等可以快速反馈的影响因素。而美国国家航空航天局戈达詹姆斯·汉森（James E. Hansen）等气候科学家认为，我们必须考虑一些更慢的反馈因素，如大陆冰盖的变化。如果考虑这些因素，汉森和其他一些科学家认为，我们必须让二氧化碳浓度回到20世纪中叶的水平（约350ppm）才行。这需要广泛推广昂贵的"空气捕捉"技术，才能有效地将二氧化碳从大气中移除。

此外，升温2℃的安全线也是非常主观的。这一结论只考虑了大多数地区升温2℃后，可能经受不可逆转的气候变化，但破坏性的变化在许多地区已然发生了。在北极，海冰的减少和永久冻土的融化，已给当地的居民和生态系统带来灾难。在一些低洼的岛国，由于海平面的上升和海水入侵，土地和淡水都在消失。对于这些地区，当前的变暖以及由已排放二氧化碳所致的进一步变暖（至少0.5℃），都将导致破坏性的气候变化。

希望ECS值真的是2.5℃。这样，我们还可以对未来持谨慎的乐观态度。这将激励力改变现状，避免对地球造成不可挽回的损害。也就是说，我们必须转变能源依赖化石燃料。

nn in Proceedings of the National Academy of

ast Millennium. Andrew P. Schurer et al. in Journal of

全球变暖将更快到来

一系列反馈效应会使气候变化的速度大大加快,使气候系统逐渐失控。

撰文 / 约翰·凯里 (John Carey)

翻译 / 曹智　白艳莹　闵庆文

精彩速览

　　科学家认为,如果地球变暖的幅度可以控制在2℃以下,诸如海平面大幅度上升等灾难就可以避免。

　　然而,长期数据显示,在2℃的极限到达之前,有三种全球反馈机制可能导致全球气候以更快的速度变化:冰雪融化改变海洋循环,土壤冷冻层融化释放二氧化碳和甲烷,以及冰川消融。

　　这些反馈效应将改变大气环流、加重虫灾和火灾的发生,从而加速气候变暖。

约翰·凯里是自由撰稿人，曾任《商业周刊》资深撰稿人，撰写的内容涉及科学、技术、医药和环境等领域。

　　过去十多年间，科学家认为他们已经找到办法，使人类免受气候变化带来的最严重威胁。据说，将地球变暖的幅度控制在2℃之内，就可以避免海平面大幅度上升和极端干旱等灾难的发生。目前大气中二氧化碳的浓度为395ppm，而工业化之前为280ppm。要让温度上升幅度控制在2℃之内，需要将大气中能够吸收热量的二氧化碳的含量限制在450ppm以内。

　　现在看来，科学家们太乐观了。全球最新数据显示，地球变化快得出人意料。北冰洋消融的海冰比预期更多；横跨阿拉斯加和西伯利亚的永久冻土带释放的强力温室气体甲烷也比模型预测的更多；南极洲西部冰架垮塌的速度比预想更快；冰架后方大陆上的冰川滑入大海的速度也比以前更快；类似于2012年夏天席卷美国大部分地区的洪水和热浪的极端天气的出现频率也有上升的趋势。根据这些现象，可以得出什么结论？德国波茨坦大学的海洋物理学教授斯特凡·拉姆斯托夫（Stefan Rahmstorf）说："作为科学家，我们还没有得出如果将气候变暖幅度控制在2℃之内，一切将会万事大吉的结论。"

　　可能诱发全球气候变化加剧的因素是正反馈循环机制，科学家一直假定这种反馈已经开始。例如，海冰的减少导致反射的阳光减少，使更多海水变暖，而这又会使更多海冰融化；更严重的是永久冻土层融化会释放更多二氧化碳和甲烷到大气中，这反过来又导致永久冻土层进一步融化……

对潜在的快速反馈机制的研究，使一些科学家变成了灾难预言家。这些专家说，即使各国立即认真对待降低温室气体排放问题，并将大气中二氧化碳的浓度控制在上限450ppm之下（虽然这种情况越来越不可能发生），这些努力可能也会太微弱、太迟了。美国国家航空航天局戈达德空间研究所负责人詹姆斯·汉森（James E. Hansen）警告说，除非世界上二氧化碳浓度的水平锐减到350ppm，"不然我们将会启动一个人类无法控制的程序"。他说，21世纪海平面的上升幅度可能高达5米，这将淹没从迈阿密到曼谷的沿海城市。同时，持续的高温和干旱可能带来大规模的饥荒。为此，汉森补充说："后果是不可想象的。"我们可能正处在快速驶向更暖世界的单向快车道上。

这是危言耸听吗？一些科学家是这么认为的。美国国家海洋和大气管理局的艾德·德卢克恩埃克（Ed Dlugokencky）对甲烷含量进行了评估，他说："我认为，在短期内，灾难性的气候变化是不可能发生的。"美国科罗拉多大学博尔德分校的冰川学家塔德·普费弗（W. Tad Pfeffer）对全球融冰进行估算，并得出结论：21世纪海平面上升最多不到2米，而不是5米。然而，他与汉森同样具有紧迫感，因为即使很小的变化也会威胁到人类文明——如果这个文明只对非常稳定的气候系统有认识的话。"公众和决策者应该明白，海平面即使只上升60～70厘米，后果也会非常严重，"普费弗警告说，"这种日渐严重的灾害真的可以毁灭人类。"

虽然科学家对气候变化速度的意见不一致，但是他们都注意到了这个特别的反馈循环机制，且认为如果真的具有放大气候变化的作用，那它将对地球的未来造成很大威胁。英国南安普敦大学的海洋和气候变化专家埃尔科·罗林（Eelco Rohling）教授说："我们必须开始更多地考虑'已知的未知领域'和'未知的未知领域'。"他解释说："我们可能无法确切地知道所有的反馈机制，但过去的变化表明，它们确实存在。"若等到研究人员能够控制未知的时候，可能为时已晚。这引起了新西兰惠灵顿维多利亚大学大气科学家、2007年IPCC核心人员马丁·曼宁（Martin Manning）的担忧，他说："21世纪气候变化速度之快，使我们来不及了解它。"

从过去看未来

科学家之所以越来越关注气候剧烈变化，一个很重要的原因是，他们对过去理解得更深刻了。20世纪80年代，科学家通过从冰芯记录中获取的信息，了解到地球已经多次经历突然和剧烈的温度波动时，都震惊了。迄今为止，科学家已经拥有了过去80万年的详细气候图片。汉森的最新分析结果显示，温度、二氧化碳浓度和海平面之间具有显著的相关性：它们同增同减，变化曲线几乎完全重合，但这种相关性并不能证明人类活动造成的温室气体排放引起了气候变暖。然而，哈佛大学的杰里米·沙昆（Jeremy Shakun）及其同事的最新研究显示：上一个冰期，二氧化碳浓度增加要早于温度增加。在最近的《自然》（Nature）杂志上他们发表了结论："由二氧化碳浓度上升引起的变暖是温度变化的原因之一。"

过去的一些变化快得令人难以置信。罗林对红海沉积物的研究显示，在大约12.5万年前的最后一个暖冰期（在两个冰期之间），海平面在100年内升降波动高达2米。罗林说："这真是快得离谱。"他的分析结果表明：在与我们现在类似的气候环境中，海平面要比现在高6米多。美国宾夕法尼亚州立大学地球科学教授理查德·阿利（Richard Alley）说："虽然这没有告诉我们未来是什么样的，但这值得我们关注。"

同样令人惊讶的是，只需要很少的一点外部能量（或者说"胁迫"），就能够触发过去那些波动。例如5500万年前，北极是一个亚热带的天堂，平均气温为23℃。那时，鳄鱼可以生存在格陵兰岛，热带地区对大部分生物来说可能就太热了。这个温暖的时期，被称为古新世－始新世极热（PETM）时期。这种状况显然是因为地球温度升高2℃引起的，当时地球在温度没有上升前就比现在暖和。那次升温可能造成甲烷和二氧化碳的快速释放，这就导致温度更高和更多温室气体被释放，从而引起进一步变暖。最终的结果是地球长达几百万年的持续高温（见《环球科学》2011年第8期《全球变暖：速度比幅度更致命》）。

在过去的100年里，人类活动已经带来不止0.8℃的温度升高。温室气体被释放到大气中的速度是古新世－始新世极热时期的10倍，这给环境带来非常大的压力。美国珀杜大学教授、地球和大气科学家马修·休伯（Matthew Huber）说："如果我们用掉未来100年的碳，我们也将遇到和PETM时期同样的变化。"

与已知的各个冰期发生温度变化的原因相比，我们现在正更有力地推动着气候变化。塞尔维亚天文学家米卢廷·米兰科维奇（Milutin Milankovic）指出，冰期的消长与地球运行轨道和倾斜角的微小变化有关。几万年来，其他行星对地球引力的变化使地球轨道从接近圆形逐渐变成轻度偏心圆。汉森说，这些变化使照射到每平方米地球表面的太阳能有了大约0.25瓦的波动，这个量是非常小的。这些能量如果要引起可被观察到的气候波动，必须经由像海冰变化和温室气体排放这类反馈机制的放大。英国皇家霍洛韦大学教授、地球科学家尤安·尼斯比特（Euan Nisbet）说，过去的气候变暖的模式是"反馈紧接着反馈，如此循环"。

人类排放温室气体导致的气候压力非常大，达到每平方米3瓦（相当于0.25瓦的12倍），并且还在不断上升。那么，气候变化的速度会不会也是以前的12倍呢？这不一定。"我们不能将过去和未来的响应等同起来，"罗林解释说，"我们要研究的是全球变暖的运行机制、如何触发，以及结果能有多糟。"

令人不安的反馈机制

科学家已经明白，在这些反馈机制中，反应最快的是遍布全球、携带着热量的洋流。如果大量的淡水（坍塌的冰川或增加的降水）倾入北半球海域，暖流就会减缓或停止，推动全球洋流的"引擎"也就停止了，结果会导致格陵兰岛在10年内从冷变暖。美国国家海洋与大气管理局地球系统研究实验室的资深科学家彼得·坦斯（Pieter Tans）说："格陵兰岛冰芯记录显示，变化可能会发生得非常非常迅速，甚至用不了10年。"

阿利回忆说，刚进入21世纪，上述"淡水机制"被弄清楚时，"我们很多人都很紧张"。然而他补充道，更详细的模型表明，"虽然增加淡水是非常可怕的，但是增加的速度并没有达到从根本上改变全球气候的程度"。

反馈机制中一个更直接的、令人担忧的部分是永久冻土带，它现在已经开始"冒泡"了。科学家曾一度认为，苔原冻土的有机质只有1米深，所以从开始升温到深层土壤开始大量解冻，要经过很长时间。但是根据最新研究，这个判断是错误的。佛罗里达大学的生物学家特德·索尔（Ted Schuur）认为："我们所有的发现几乎都出乎意料。"

第一个意外是冻土中的有机碳分布深达3米，所以有机碳含量比预期更多。此外，西伯利亚零星分布着覆盖富含有机质永久冻土层的大土丘，这些冻土被称为苔原富冰黄土。它是由风从中国和蒙古带来的泥土堆积形成的，其中碳存量多达几千亿吨。索尔说："大约是现在大气中二氧化碳含量的两倍。"美国科罗拉多州立大学甲烷研究学者乔·冯·费希尔（Joe von Fischer）说："这种形式的碳是一颗定时炸弹。"冻土解冻越多，就会有越多的微生物把有机碳分解成二氧化碳和甲烷，造成气温升高，进一步使更多的冻土解冻。

快速变化的反馈机制可能会加速全球变暖，融化永久冻土，例如在冰岛中部正在发生的情况。

定时炸弹爆炸的时间可能正在提前。冻土表面的冰雪融水往往会形成浅湖。阿拉斯加大学费尔班克斯分校的凯特·沃尔特·安东尼（Katey Walter Anthony）发现，有甲烷从湖底释放出来（见《环球科学》2010年第1期《甲烷：从北极冻土中爆发》）。许多研究人员还发现，永久冻土层融化会开裂成小峡谷，形成热喀斯特地貌，这就会增加冻土暴露在空气中的面积，加速冻土融化和温室气体排放。最近，对挪威斯匹次卑尔根群岛和西伯利亚的考察中发现，浅水域的海底有大量甲烷释放。

如果由点及面地铺展开来分析，全球范围内甲烷排放总量足以引起气候大波动。不过，全球甲烷排放量的测算值不一定代表当前甲烷的实际增加量。究其原因，阿拉斯加大学费尔班克斯分校致力于永久冻土温度研究的弗拉基米尔·罗曼诺夫斯基（Vladimir E. Romanovsky）说，一是因为甲烷排放的热点"只存在于局部地区"，二是科学家们更善于发现以前本来就存在的热点地区。因此，罗曼诺夫斯基说："我不担心甲烷增加带来的气候剧变。"

其他人并不这么肯定，特别是因为甲烷有另一个潜在的主要来源——热带湿地。气候变暖很可能引起热带地区降雨增加，随之湿地面积将会扩大，湿地生产力也会提高，就会有更强的厌氧分解作用，释放更多的甲烷。增加的湿地可以释放与北极变暖差不多、甚至更多的甲烷。我们应该有多担心？尼斯比特说："我们不知道，但我们最好继续观测。"

融冰效应

让气候学家最担心的反馈部分是地球上冰的减少。例如，许多气候模型并没有成功预测2012年夏天北冰洋海域海冰的急剧减少。尼斯比特说："这是模型方面的极大失败。"而且，格陵兰岛和南极洲的冰川也在迅速消失。

为了弄清楚这是怎么回事，科学家一直在利用卫星和地面测量手段绘制格陵兰岛冰川图，还在南极冰架下安放了探针。美国国家大气研究中心资深科学家杰里·米尔（Jerry Meehl）透露，科学家见到了以前没有见过的东西。

在格陵兰岛，伍兹霍尔海洋研究所的冰川学家萨拉·达斯（Sarah Das）看到，一个冰水融化形成的湖泊突然流入914米厚的冰川的缝隙中。其水流速度大到足以将巨大的冰川与基岩分离，进而使冰川加速滑入海洋。在阿拉斯加，普费弗有数据显示，巨大的哥伦比亚冰川滑入海洋的速度已经从1米/天增加到15～20米/天。

在南极洲和格陵兰岛沿岸，漂浮在海上的大冰架正在崩塌，这警告我们，冰架有多么不稳定。温暖的海水从下面蚕食着冰架，与此同时，温暖的空气从上面打开一个个裂缝。冰架本来能够起支撑作用，以免基部在海底的冰块以及邻近的陆上冰川在重力作用下滑入海中。虽然浮冰融化不会引发海平面上升，但水下的冰川可以。阿利说："我们正在努力探索海平面上升是否显著高于预期这一问题。"

冰川减少令人恐惧，不仅是因为它们会使海平面上升，还因为它们会触发强大的反馈机制。冰能将阳光反射回太空。没有冰块后，颜色较深的陆地和海洋会吸收更多的太阳热量，进而融化更多的冰。地球表面反射率的变化可以解释，古气候记录中那些较小的能量波动是如何被放大的。汉森说："同样的事情也会发生在今天。"

到目前为止，只有少数科学家同意汉森对于海平面到2100年可能会上升5米的预

瑞士阿尔卑斯山的 Trift 冰川已经后退了 3000 米。

在挪威的斯匹次卑尔根群岛，融冰滑进海里。

测。"但是我们真的不确定，"阿利说，"我仍然比较倾向于我的预测，即海平面上升较小，但我也不想任何人因为我说的话而购买沿岸地产。"

复杂的变化

地球上过去的气候波动确实表明，如果我们给予足够的推动力，反馈机制将极大地改变地球。休伯说："如果我们燃烧我们能够获得的所有的碳，就一定会发生与PETM时期类似的气候变暖。"这也许有利于北极鳄鱼，但对人类或大多数生态系统没有好处。

然而，真正让科学家失眠的可能是，即使这些特定的反馈机制近期不会对人类产生威胁，但它们也可能会驱动其他可以对人类产生威胁的机制。这种机制首先可能影响全球水循环。每年都有实例表明，气候变化会从根本上改变区域小气候，如带来洪涝、干旱等极端天气。

拉姆斯托夫最新的一项分析表明，像2010年那样重创俄罗斯的热浪的发生次数提高了5倍，导致这一现象的原因很可能就是已经发生的气候变暖。拉姆斯托夫说："这是一个重要因素。"新的研究着眼于2011～2012年美国有史以来最暖冬季期间

（这个时期欧洲遭遇了有史以来最冷的寒流）北极海冰的损失。其中隐含的机制是：海冰越少，北极海水温度越高。秋季，海洋释放大量热量，改变大气的压力梯度，造成急流（围绕地球的强而窄的高速气流带，集中在对流层顶或平流层，在中高纬地区西风带系统内或在低纬度地区都可出现）更大程度地弯曲，从而使其长期停留在一个地方。这种弯曲使美国东北部冬季更暖和，东欧却更寒冷。

潜在的生态反馈使整个机制变得更为复杂。例如，美国和加拿大西部气温变暖引起山松甲虫的流行。虫灾导致几十万公顷（1公顷=10,000平方米）的树林死亡，森林从碳汇（健康的树木吸收二氧化碳）转变成碳源（死树分解释放二氧化碳）。2007年，高温导致美国阿拉斯加北坡苔原发生7000年一遇的火灾，加速了这一区域冻土层融化和碳排放。西伯利亚气候变暖使广袤的落叶松树林开始转变为云杉林和冷杉林。冬季，落叶松的针状叶脱落，积雪会将太阳的热量反射回太空。弗吉尼亚大学的生态学家汉克·舒加特（Hank Shugart）解释说，云杉和冷杉的针状叶不会在冬季全部脱落，太阳热量还没到达积雪时就已被这些树叶吸收。仅植被变化的反馈就可能使地球温度上升1.5℃。他说："我们正在玩一把上了膛的手枪。"

尼斯比特的"噩梦"是这样的：首先是甲烷排放量的上下波动以及非常炎热的夏季造成大规模火灾，排放大量碳。烟和烟雾覆盖中亚，减弱季风，引起中国和印度农作物大面积歉收。同时，根据厄尔尼诺模式，赤道地区太平洋海水温度升高往往会给亚马孙地区和印尼带来干旱。热带森林和泥炭沼泽也会因发生火灾，释放更多的二氧化碳到大气中，进入气候迅速变暖的快车道。"这是绝对会发生的，"尼斯比特指出，"我们比自己想象的更脆弱。"

但是，各种反馈究竟会变得多强大？虽然气候模型能够很好地解释过去和现在，但当用它来预测未来时就会失灵。索尔补充说，即使地球现在正处在一个临界点，我们可能也没有意识到。

对气候政策来说，令人不安的是科学没有给出明确答案。曼宁说："我们知道气候发展的方向，却不知道发展的速度。"然而，科学家认为，不确定性也不能够成为不采取行动的理由。相反，不确定性应让全球更加努力去减少温室气体排放，因为不确定性揭示了气候剧烈变化的风险真的很大。尼斯比特说："此刻我们正在做的是，从地质年代的时间尺度上对发生的大事件进行对比，因此，我们会预测，输入现在的数据能得到与过去发生过的事件相类似的结果。"

汉森觉得自己如果不对气候变化这一问题采取行动，就没有办法面对自己的后代。他说："将逐渐失控的气候系统留给年轻人是不道德的。"

扩展阅读

Abrupt Climate Change. U.S. Climate Change Science Program and the Subcommittee on Global Change Research. U.S. Geological Survey, December 2008. http://downloads.climatescience.gov/sap/sap3-4/sap3-4-final-report-all.pdf

Managing the Risks of Extreme Events and Disasters to Advance Climate Change Adaptation. Special Report of the Intergovernmental Panel on Climate Change. Cambridge University Press, 2012. http://ipcc-wg2.gov/SREX/images/uploads/SREX-All_FINAL.pdf

Paleoclimate Implications for Human-Made Climate Change. James E. Hansen and Makiko Sato in Climate Change: Inferences from Paleoclimate and Regional Aspects. Edited by André Berger et al. Springer, 2012.

极端天气将成常态

过去四年的夏季和冬季中，全球范围内出现了大量极端天气。
不久后，这些极端天气很有可能会成为常态。

撰文 / 杰夫·马斯特斯 (Jeff Masters)

翻译 / 聂羽

审校 / 张洋

精彩速览

在过去的四年间，急流发生了异常的弯曲，极端的天气事件因此频发。

当急流长时间维持异常状态后，每一次极端天气的持续时间也会随之变长。

有科学家认为，急流发生异常弯曲是因为北极海冰减少。当然，这种观点也存在争议。

如果无法减缓全球变暖的速度，异常的急流会在未来导致更多干旱、洪水、热浪和冰冻等灾害。

在冬季，一场特大的暴风雪袭击了美国密歇根沿岸，狂风卷起的海浪不断拍打沿岸的一座灯塔，并冻住了整座建筑。

杰夫·马斯特斯是全球知名气象机构Weather Underground的负责人、灾害性天气预报方面的专家。1995年，他和同事共同创建了商业气象服务组织，并坚持在Wunderblog上撰写博客。目前，该博客已成为最受瞩目的天气博客之一。

从2013年11月到2014年1月，北美和欧洲地区的急流出现了非常极端的持续性异常现象。这支贯穿全球的西风气流在美国的东部地区异常偏南，使"极涡"（来自北极地区的冷空气）的影响范围扩展到了比往年更偏南的地区，导致美国东部大约三分之二的地区异常寒冷。这一年，五大湖的冰盖面积迅速攀升，最终达到了历史第二的纪录。两次特大暴风雪还袭击了亚特兰大，使该市交通瘫痪达数天之久。

与此同时，顽固的高压脊（一种天气系统，常形成晴好的天气，降水少）却长期盘踞在加利福尼亚州的上空，造成了有史以来最温暖的冬天。尽管"暖冬"听起来很不错，但却导致加利福尼亚州发生了自18世纪末以来最严重的干旱，并造成了数十亿美元的农业损失。

急流的持续异常也影响了欧洲地区。连续几场暴风雪直接导致了当地几十亿美元的损失。英格兰和威尔士经历了从1766年以来最潮湿的冬天，欧洲其他地区也异常偏暖：在2014年1月，挪威遭遇了史无前例的森林火灾；正在举办冬季奥运会的俄罗斯索契则遭遇了冰雪融化对滑雪场造成的破坏。在2014年5月，波黑整个国家大约三分之一的土地因强降雨而面临洪涝灾害。

通常情况下，急流是一条盘踞在中纬度地区、自西向东传播的西风气流。正如我们在电视上的天气预报中所看到的，急流的空间状态就像示波器上的正弦波一样，常

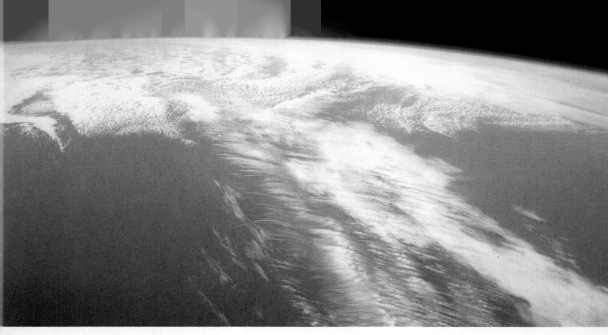

高空云：当"航天飞机"沿加拿大东部飞过时，在急流附近捕捉拍摄到了高空云。急流最高时速可以达到300千米／小时。

常会出现南北摆动的周期性运动。急流中弯曲的地方叫作行星波或罗斯贝波，波动能在3～5天的时间内横穿美国本土。在波动过境的同时，也会给当地带来不同的天气状况。

然而，在2013～2014年的冬天，这些波动开始变得极不规则，它的振幅开始增大，波形的倾斜程度也变得异常。在这种情况下，急流中的西风风速明显比平时偏弱，而且，有时候它会在一个地方持续停留一周以上，造成该地区长时间的天气异常。2014年5月，犹他州立大学的王世宇教授主持的一项研究发现，2013～2014年冬季北美上空的急流空间状态是有记录以来最极端的一次。

这样的急流异常只是一次个例？显然不是，发生急流异常的情况正变得越来越频繁。2010年，俄罗斯经历了历史上最严重的高温热浪，超过55,000人因此死亡。与此同时，巴基斯坦经历了有史以来损失最惨重的洪涝灾害。在2011年，美国俄克拉何马州经历了美国各州历史上最炎热的夏天。2012年，在美国发生的干旱也创下了历史纪录，这是美国从1930年以来损失最惨重的一次。

2013年4月，德国波茨坦气候影响研究所发表了一份研究报告，这份由弗拉基米尔·波图霍夫（Vladimir Petoukhov）及其同事撰写的报告指出，在前文提到的极端天气事件中，急流的异常弯曲都具有一个共同特点：向东传播的罗斯贝波会在某一个地方异常停滞，且波动振幅明显增大。有的时候，异常的罗斯贝波会持续几天甚至一个月。科学家指出，2001～2012年的夏季，急流出现异常状态的频率是过去22年间在夏天发生类似情况的2倍。

正如鲍勃·迪伦（Bob Dylan）在歌中所唱："你并不需要天气预报员来告诉你风往哪里吹。"因为急流的变化对天气的影响十分明显，而且能很容易地找到将急流和天气联系起来的原因。在过去的150年，我们所处的气候基本态（局部地区的常年气候特征）已经发生了显著变化，气候态的改变也开始改变急流的行为。例如，由于大量使用煤炭、石油和天然气等化石燃料，造成大气中二氧化碳的浓度增加了40%，这种气体具有保温的作用，能产生明显的温室效应。从1900年以来，夏季北极海冰的范围减少了近50%，海冰减少进一步影响了大气和海洋的热量传输。由于人类大规模利用土地（如农田、牧场、城市的发展），由地球表面向外反射太阳辐射的情况也发生了巨大的改变。不仅如此，发电站、机动车、建筑物以及工业生产所释放的煤烟和其他空气污染物也在产生影响，改变太阳辐射在大气中的反射和吸收。在南极上空的平流层中出现的巨大臭氧空洞，也在改变该地区高空的风场分布。

人类对气候系统造成了显而易见的冲击，作为回应，地球的基本气候模型也随之发生了改变。事实上，王世宇和他的团队认为，假如没有人类活动引起的全球变暖，急流的空间状态可能不会如此反常。

气候变化的严重性在于，气候系统是非线性的。中等程度的全球变暖可能会引发一场天气过程的巨变。目前，气候学家仍在争论：到底是全球整体的气候系统在经历一场巨变，还是仅仅只有急流本身。此外，对于德国波茨坦气候影响研究所的研究人员提出的理论解释，气候学家也争辩不断：到底有没有显著的证据，可以证明北极地区的快速增温导致了急流的相应变化。

如果确定急流正在自我调整并进入一种全新的状态，那对人类来说将是坏消息。2014年8月，英国埃克塞特大学的詹姆斯·斯克林（James Screen）教授和澳大利亚墨尔本大学的伊恩·西蒙兹（Ian Simmonds）教授联手在《自然气候变化》（*Nature Climate Change*）上发表了一篇文章，强调急流变化潜在的气候效应。他们指出，

基本原理

异常急流导致异常天气

在南北半球的高纬度地区，存在两支急流。当极锋急流的弯曲程度增大时（图左侧），异常的暖空气或者冷空气会在大陆多个地区产生影响。这种弯曲可以维持几天甚至一周，引起干旱、洪涝、热浪和冰冻等灾害。三种主要理论可以解释这种异常的弯曲，其中两种与气候变化相关。

急流的形成

由于赤道地区比极地吸收了更多的太阳辐射，赤道地区的暖空气膨胀上升，并在到达平流层后折向南北两极运动。地球的自转效应使得这些向极地运动的空气发生了偏转，在南北半球形成了三圈大气环流。三圈环流交界处的气压梯度，是形成急流的直接原因。

急流的弯曲带来热浪和冰冻灾害

当极锋急流的弯曲程度增大（图中蓝色波浪箭头），大量的暖空气可以抵达比平时更北的区域，冷空气（比如冬季极涡）可以到达更南的地区。急流中弯曲的罗斯贝波可以在3～5天穿过美国本土，影响当地的天气。

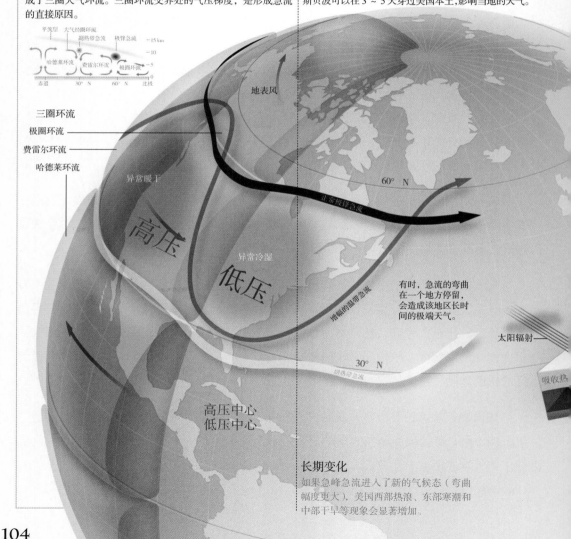

平流层　大气经圈环流
副热带急流　极锋急流
哈德莱环流　费雷尔环流　极圈环流
赤道　30°N　60°N　北极
−15 km
−10
−5

三圈环流
极圈环流
费雷尔环流
哈德莱环流

异常暖干

高压

低压

异常冷湿

地表风

60° N

正常极锋急流

增幅的温带急流

有时，急流的弯曲在一个地方停留，会造成该地区长时间的极端天气。

太阳辐射

吸收热

30° N

副热带急流

高压中心
低压中心

长期变化

如果急峰急流进入了新的气候态（弯曲幅度更大），美国西部热浪、东部寒潮和中部干旱等现象会显著增加。

赤道

两种可能造成急流发生变化的原因

① 大气涛动

大气中自然的共振可以改变急流的路径。两种主要的大气涛动是厄尔尼诺/南方涛动（El Nino/Southern Oscillation, ENSO）和北极涛动。

拉尼娜
正常年份
厄尔尼诺

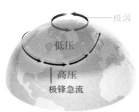

极涡
低压
高压
极锋急流

正位相伴随较大的气压差异，使急流更加平直，较强的极涡将冷空气保留在北极。

低压 高压 低压

负位相伴随较小的气压差异，急流的风速减弱，急流大幅度弯曲发生的可能性增加，极涡减弱，使得冷空气南下。

厄尔尼诺/南方涛动（ENSO）

ENSO 使得热带大气周期性地呈现两个异常状态（位相）：发生厄尔尼诺时，太平洋的暖水带向东扩展，使急流明显偏南；发生拉尼娜时，太平洋的冷水带向西扩展，使急流明显偏北。近些年，这两个位相之间的差异较大，常与急流的异常弯曲联系在一起。这有可能是气候系统的自然变率引起的，也可能是由气候变化驱动的。

北极涛动

北极地区和中纬度地区的海平面气压的振荡变化，以数周时间为一周期。北极涛动正、负位相之间的风场的变化机制目前还没有得到很好的解释。

② 北极快速增温（又称"北极放大"）

全球变暖的背景下，北极增温的速度是中纬度增温速度的三倍。其主要原因之一，是北极海冰减少（见下图）：当海水大面积暴露后，可在夏天吸收大量的太阳辐射，然后在冬季释放，使得极圈环流中温度的增加速度比费尔环流中温度增加的速度更快（见右图）。两个三圈环流之间温度的差异驱动北极涛动形成负面的影响，增大了急流产生的可能性（右上图）。

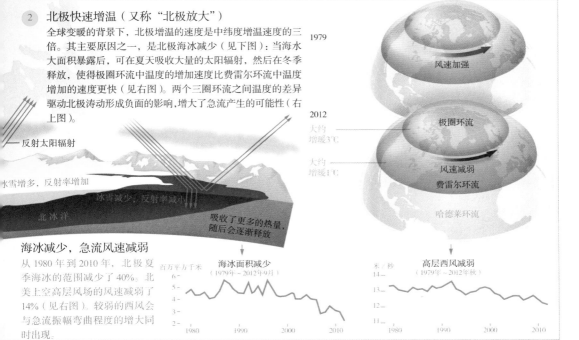

反射太阳辐射

冰雪增多，反射率增加
冰雪减少，反射率减小
北冰洋
吸收了更多的热量，随后会逐渐释放

1979
风速加强

2012
极圈环流
大约增暖3℃
大约增暖1℃
风速减弱
费雷尔环流
哈德莱环流

海冰减少，急流风速减弱

从 1980 年到 2010 年，北极夏季海冰的范围减少了 40%。北美上空高层风场的风速减弱了 14%（见右图）。较弱的西风会与急流振幅弯曲程度的增大同时出现。

海冰面积减少
（1979年~2012年9月）

百万平方千米
6—
5—
4—
3—
2—
1980 1990 2000 2010

高层西风减弱
（1979年~2012年秋）

米/秒
14—
13—
12—
11—
1980 1990 2000 2010

制图：胡安·贝拉斯科（Juan Velasco），数据来源：阿曼达·霍布斯（Amanda Hobbs）

105

"假如人类活动引起全球变暖，急流就会以弯曲幅度增大作为回应，"那么，"我们的研究结果表明，急流的改变会使以下灾害事件频发：北美西部、亚洲中部的热浪事件，北美东部的寒潮事件，北美中部、欧洲以及亚洲中部的干旱，还有亚洲西部的极端降水等。"

新的气候态意味着，今后美国中西部地区将会频繁遭遇严重干旱的夏季。美国东部的居民也会像2010年的冬天一样，更加切身地经历发生在华盛顿特区的特大暴风雪。如果美国中部、欧洲、中亚等地区遭遇严酷的干旱，而且持续时间很长，那全世界范围内的食品价格将会飞速上涨。

自然驱动的"怪兽"

急流由大气层的活动引起。气候变化可以通过影响大气层的状态，间接改变急流的活动形态。而环绕在南北半球地表上空9～14千米处的急流会进一步对低层降水系统产生影响。急流通常分为极锋急流和副热带急流两支。极锋急流处于近极地地区冷空气和热带地区暖空气的交界处，而副热带急流则更靠近赤道。本文在讨论急流时，是指占据主导作用的极锋急流。

伴随季节变化，急流的纬度也会发生南北摆动。在冬季，急流通常位于美国中部地区。到了夏天，急流中心将向北移到美国和加拿大的交界处。急流中的空气流动常常是无序的，并伴有罗斯贝波。在北半球，当急流伴随高压脊向北扩张时，会把南方的暖空气带向北方。当急流伴随低压槽向南扩张时，又会把冷空气从北方带向南方。

在南北半球的大气层中，从低纬到高纬都存在三圈并存的闭合环流——三圈环流，分别称为哈德莱环流、费雷尔环流和极圈环流。急流就被认为是三圈环流的产物（参见上页示意图）。尽管三圈环流是形成急流的主要过程，但大气中的其他因素也能使急流发生改变。例如，太阳的照射、海陆分布、高耸的山脊、温室气体的含量和空气中起反射作用的尘埃等，都会影响大气中的共振现象。就像吉他中不同的弦在弹动时会产生共振一样，当大气中其他因素发生变化时，大气也会产生共振，这种共振被称作遥相关型。自然界中的共振现象均能够使急流发生形变，因此也让我们很难判断，究竟近几年急流怪异的行为是受共振影响形成的短期现象，还是已经变成了一种新的常态。

在北半球，ENSO和北极涛动是两个非常重要的遥相关型。厄尔尼诺发生在热带地区的海平面上，是以3～8年为周期反复震荡的气压场变化现象。当厄尔尼诺发生时，赤道东太平洋的异常暖海水涌入南美洲的西海岸；当与之相对应的拉尼娜发生时，赤道东太平洋的异常冷海水将会对南美的西海岸产生明显影响。北极涛动指的是北极地区和中纬度地区海平面气压场在10～30天范围内的周期性振荡。如果上述两个地区的气压差很小，那么急流会偏弱，使得急流状态容易出现较大振幅的弯曲。在冬季，北极和中纬度之间的气压差减小，有利于冷空气向南入侵美国东部地区、欧洲西部地区和东亚地区。

极端天气大爆发

大气中的遥相关型是非常复杂的。它们既可以相互抵消，也可以相互增强。一旦大气的基本态发生了改变，遥相关型也会发生改变，使急流发生异常。2011年，太平洋发生了一次由较弱到中等程度的拉尼娜事件，而在这种海温条件下，却有一支极端异常的急流持续很长时间，显得非常奇怪。当时，任何已有理论都无法解释这种现象。同年12月，在旧金山举办的美国地球物理年会上，来自罗格斯大学的著名大气科学家珍妮弗·弗朗西斯（Jennifer Francis）将这次事件与北极快速增暖联系起来，并给出了最新的解释。她指出，北极海冰的减少必然会影响大气环流。近些年，北极增暖的速度比北半球的其他地区快了两倍多（这种现象称作"北极放大"）。她认为，北极的快速增暖会对北半球急流的活动造成明显的扰动。

弗朗西斯的理论听上去很有道理。北极加速增暖的一个主要原因是秋季和冬季北极海冰减少。近年，由于海冰的融化以及表面风场的作用，北冰洋上的海冰显著减少。相对于1979～2000年的气候态来说，2012年9月时，北冰洋的海冰覆盖范围减少了49%，相当于美国国土面积的43%。当海冰融化，冰下的海水暴露后，暴露的海水会吸收更多太阳辐射，海洋以及海洋上空的大气开始变暖，从而带来更多热量使得海冰继续融化，形成正反馈机制并加速海冰融化。

随着海冰逐渐融化，暴露出来的海水会在秋冬时释放出储存的热量，对北极上空大气的基本态产生长达数月、影响明显的扰动。在北半球的夏季，当北极的冰雪覆盖消失后，也会发生异常的"北极放大"现象。研究还显示，全球变暖已经使春季提前到来，而且每10年就会提前3天。提早融化的积雪会造成雪下的土壤加速暴露，使土壤吸收更多热量，使湿度降低，这些因素都驱使大陆地区提早进入更加温暖的季节。

由于"北极放大"（海冰减少、春季冰雪覆盖的面积减少等现象引起的）和其他因素的作用，北半球中纬度地区和北极地区的气温差异显著减小。温差减小的同时也会造成急流剧烈变化。而且，如果温差减小，处于中纬度地区的费雷尔环流和处于副极地地区的极圈环流之间的能量交换会减少，急流的风速也会被削弱。弗朗西斯和威斯康星大学麦迪逊分校的斯蒂芬·瓦卢斯（Stephen Vavrus）指出，伴随温差减小，北美地区和北大西洋的高层大气中，急流风速已比1979年降低了14%左右。

当急流风速减弱时，其状态会呈现出幅度更大、更蜿蜒的曲线。弗朗西斯指出，从2000年开始，冬夏两季的极锋急流中，伴随出现的槽和脊的振幅已明显增大。如果急流的弯曲程度变大：在急流的北侧，暖空气可以伸展到更北、更冷的地方；在急流的南侧，冷空气则可以延伸到更偏南的地方。正是因为这种特性，造成了美国东海岸2013年1月强冷空气的爆发。当时，北边极涡的冷空气大肆侵入美国东部，而在加利福尼亚地区却经历了非常严重的干旱事件，其他地区也发生了异常偏暖的事件。波动理论显示，急流风速减弱会使罗斯贝波向东传播的速度变慢，并且导致波形振幅较大的异常天气在一个地方长时间停留。这些大槽和大脊如果在一个地方停留时间过长，还会形成"阻塞形势"，使波动停止继续扩散。

都是北极的错？

近期，对北极快速增暖和急流极端异常关系的研究在科学界掀起了一股热潮。2013年9月，美国国家科学研究委员会主办的研讨会在美国马里兰大学举行，会议吸引了超过50位气候学家参与。大部分气象专家都认为，在北极快速增暖的这段时间内，急流确实发生了改变。但是，也有很多科学家对最近15年北极快速增暖的强度是否足以使急流发生变化，一直持质疑态度。

一些专家还从能量的角度，对北极快速增暖和急流变化之间的联系提出了质疑。因为体积巨大的急流中蕴含很多能量，想要改变急流的状态，需要很大的能量才能实现。美国国家大气研究中心的凯文·特伦伯斯（Kevin E. Trenberth）的一项研究表明，ENSO可以驱动急流发生变化，而北极快速增暖所吸收的热量要比ENSO中的能量小一个量级。2014年8月，特伦伯斯与合作者在《自然气候变化》杂志上发表了一篇文章，阐述近年太平洋十年际振荡（Pacific Decadal Oscillation, PDO）遥相关所造成的热带太平洋的能量变化，并提出这种现象也能导致急流发生较大程度的弯曲。特伦伯斯还指出，过去10年间，PDO的自然变率本身也会受到气候变化的影响。

2014年2月，包括特伦伯斯在内的5位著名气候学家在《科学》（Science）上发表一篇文章，对弗朗西斯的研究提出了批评。他们指出，对于北极快速增温与急流异常状态关系的研究，仍需要更多人参与，以求进一步研究。他们在文章结尾时总结说："目前相关的理论和解释并不能令人信服"。

一些科学家甚至质疑急流的波动振幅是否在增大。在2013年发表的一篇文章中，斯克林和西蒙兹用了一种不同于弗朗西斯的定义来衡量急流的变化。他们的研究表明，在统计学上，急流波动振幅并没有表现出显著改变。不过，他们也指出，急流波动振幅还是有增大的趋势，尽管这种趋势比较微弱。但是，这些研究人员并没有给出其他理论，以解释急流极端异常的原因。在2014年8月，波茨坦研究所的季姆·库穆尔（Dim Coumou）教授和他的研究团队在《美国国家科学院院刊》（PNAS）上发表文章指出，北极快速增温导致北极地区和中纬度地区的温差缩小，至少在夏季，这个因素就可以使急流发生较大的变化。

不能再等了！

尽管对于急流异常的原因，科学家目前仍然存在很大争议，但气象数据却用最显而易见的方式记录了这一切。在美国历史上曾发生过多次毁灭性的灾害事件，比如1974年的超级飓风、1936年的极端干旱和热浪、1927年密西西比河的严重洪涝灾害等。这些灾害都与2011～2012年发生的灾害具有某些相似性。因此，急流的异常行为可能预示着我们正将进入全新的、更具威胁的、灾害事件更加频繁的气候态。

如果地球持续变暖，在急流中伴随高压脊的地方，高温将会制造更多热浪和干旱；在急流向南弯曲伴随低压槽的地方，海洋上的暖湿空气会随之传播，形成更多暴雨。如果急流持续缓慢移动，并伴随较大振幅的罗斯贝波，还会持续性引发更多的极端天气，造成巨大的伤亡和破坏。如果弗朗西斯和同事提出的理论是正确的，除非找到补救北极海冰的有效办法，否则我们将无法恢复曾经的气候态。事实上，由于大气中的主要温室气体（二氧化碳）目前仍以每年0.5%的速度增加，已经没有科学家认为北极的海冰会恢复到过去的状态了。

干旱是急流异常造成的严重威胁之一，因为它会影响我们赖以生存的水和食物。如果由于急流异常，导致高压脊长期停留，并盘踞在美国和俄罗斯等粮食生产基地的上空，那么，当地气候条件将无法给庄稼的生长提供必需的水分。干旱将会导致食品价格飞速上涨、饥荒肆虐，以及由暴力引发的社会动荡。在2010年俄罗斯发生的严重干旱和热浪事件中，就有一团巨大的高压脊盘踞在整个国家的上空。而原本应该给俄罗斯农业基地带来充沛雨水的低压系统转向巴基斯坦，造成巴基斯坦洪水泛滥。这次干旱和热浪事件是俄罗斯历史上造成死亡和损失最惨重的一次。它迫使俄罗斯中断小麦出口，进而推高全球谷物价格，使得多个国家和政府摇摇欲坠。

显然，我们不能等到科学家完全弄清楚气候变化的原因和机制以后才开始行动。在全世界范围内都必须迅速有力地采取行动，把气温升高的幅度控制在2℃以内。例如，到2050年，太阳能、风能、核能等几乎不排放二氧化碳的清洁能源应该发展到现有规模的3倍以上；与2010年相比，温室气体的排放量也必须减少40%～70%。从经济角度来看，这些措施仅会使世界经济出现每年0.06%的负增长，因此完全可以承受。但是，如果要等到2030年才开始行动，我们所要付出的代价将会大大增加，并且很可能难以将升温幅度控制在2℃以内。

根据几位著名气候学家的研究，夏季的北极海冰最终会全部消失。如果北极海冰的改变真的是造成急流异常弯曲的罪魁祸首，那么，从2014年开始到2030年的十多年间，随着剩下的50%的北极海冰持续减少，还会带来更加严重的极端天气。即使北极的变化不是急流发生变异的原因，结果也会让人不安。因为到目前为止，急流发生改变的物理机制仍然未知，我们也很难厘清气候变化会对急流造成何种影响。所以，我只能预测：在接下来的15年，摆在我们面前的是前所未有的气候挑战。

扩展阅读

Linkages Between Arctic Warming and Mid-Latitude Weather Patterns: Summary of a Workshop. Katie Thomas et al. National Academies Press, 2014. www.nap.edu/catalog.php?record_id=18727

Jeff Masters's WunderBlog: www.wunderground.com/blog/JeffMasters/show.html

U.S. National Climate Assessment: http://nca2014.globalchange.gov

全球变暖引发超级寒冬

北极海冰消失，将会让美国和欧洲的冬天更容易出现恶劣天气。

撰文 / 查尔斯·格林（Charles H. Greene）

翻译 / 舟隆华

审校 / 陈文

—— 精彩速览 ——

全球变暖使得北极夏季海冰的消失速度大大加快，改变了影响美国和欧洲冬季天气的条件。

这些变化导致北极空气侵入地球中纬度地区，使得严冬爆发的可能性加大：2010年和2011年，美国东部和北欧出现了严冬；2012年1月，东欧出现了严冬。

未来，北美和欧洲很可能再次出现严冬。

查尔斯·格林是美国康奈尔大学地球与大气科学教授、海洋资源和生态系统项目主任、未来可持续发展戴维·阿特金森中心研究员。他还是该校可持续地球、能源和环境系统教育项目协调人。

近年来，北美和欧洲部分地区的冬季都不同寻常。首先，2009～2011年的冬天，美国东海岸、西欧和北欧等地区遭遇了一系列异常寒冷的雪暴天气。例如，2010年2月，美国华盛顿特区发生"雪魔"雪暴，美国政府停摆将近一个星期。同年10月，美国国家海洋和大气管理局气候预测中心预测，美国东部地区2010年底至2011年初的冬季将是温暖的，根据是东太平洋出现拉尼娜现象，使海水温度比通常海洋温度低。虽然存在拉尼娜现象的调节作用，但是2011年1月美国纽约和费城温度仍然非常低，遭遇了创纪录大雪的袭击，令气候预测中心和其他预测者颇感意外。

2011年底至2012年初，这个冬季的意外事情很多。美国东部出现了历史上最温暖冬天，而北美其他地区和欧洲却没有那么幸运。美国阿拉斯加2012年1月的平均温度比历史同期平均温度低了10℃，令人们措手不及。阿拉斯加一次暴雪就使其东南部的许多城镇积雪厚达两米。与此同时，中欧和东欧地区大面积遭遇寒冷天气，温度降到-30℃，积雪堆至平房屋顶。到2012年2月初积雪消退之时，这些地方共有550多人丧生。

在利用测温仪器跟踪全球气温的160年历史中，2002～2012年是其间最温暖的10年，我们该如何解释这10年间发生的这些恶劣天气事件呢？科学家们似乎在极不寻常的时间和地点找到了一个答案——最近，北冰洋海冰夏季消失量创下纪录。

海冰消失创纪录

1989年4月，我首次踏上北极圈。自那以后，北极发生了巨大的变化。最显而易见的变化是，夏季海冰面积不断减少。每到冬季，北冰洋几乎一派冰封。冬季海冰由多年厚冰和当年薄冰构成，前者经过长时间累积而成，后者在头年夏天解冻的无冰海水上形成。每年9月，夏季冰融使海冰面积降到年度最低水平。

1989年，北极冬季海冰面积略大于1400万平方千米。其中，多年厚冰终年都不

根本原因

海冰消失 气候改变

每到冬天，冰就会覆盖北冰洋。每年夏天，部分海冰消失，海面露出。全球变暖使夏季海冰消失量增加，改变了海洋与大气之间的热交换，影响着美国和欧洲冬季天气（参见"变化过程"）。1979年，研究者开始采用卫星测量海冰，那一年，夏天海冰面积大约是700万平方千米。2007年以来，海冰消失量急剧增加；2012年9月16日，海冰面积创下新低，只剩340万平方千米（见下图）。

年最小海冰面积（1979～2010年）

2012年9月16日

融化，其面积大约为700万平方千米。如今，情形与以前大不相同。虽然2011～2012年冬季海冰面积接近1989年的水平，但是，2012年9月海冰面积大约只有其一半——不到350万平方千米，创夏季海冰面积新低。

夏季北极海冰消失并非渐进或线性的。研究人员1979年开始采用卫星测量海冰面积，从那时到2000年，海冰面积减少并不是特别明显。2000～2006年，海冰面积减少速度加快。但是直到2007年，海冰面积减少才出现了令世界瞩目的显著变化。那一年，夏季最小海冰面积减少了约26%——从2006年9月的580万平方千米左右减少到2007年9月的430万平方千米左右。多年厚冰面积的减少程度前所未见，促使科学家重新评估他们对北冰洋出现首个无冰夏季的预测时间。根据2007年之前收集的数据，IPCC第四次评估报告预测，首个无冰夏季最可能出现在21世纪末。而根据现在大多数研究预测，首个无冰夏季可能会提早好几十年，即在2020～2040年期间就会出现。

最近几十年，全球变暖一直在影响北极地区，海冰变化是这种影响加剧后的结果之一。据观察，最近50年，北极地区平均气温上升了1.6℃以上，而世界其他地区的平均气温自20世纪初以来略有上升，大约只是北极地区的一半。气候快速变暖已经改变了北极的天气模式，大面积永久冻土因此融化。物理环境变化破坏了该地区野生动物的重要栖息地，也因此威胁到许多物种的长期生存。与此类似，北极地区原住民因为对该地区寒冷冰雪环境的适应而久负盛名，但他们的生活方式正面临重大干扰，他们的传统文化正遭到日益严峻的威胁。

虽然上述变化似乎与我们这些生活在极地之外的大多数人没什么关系，但生活在极地之外的人却不能避免北极放大效应和海冰消失带来的影响。中纬度地区的天气模式受到北极气候的影响，由此引出了一个关键问题：全球气候变暖是近期严冬天气爆发的原因吗？或者说，严冬天气爆发正好符合地球自然气候振荡的一般模式吗？

急流添乱

毫无疑问，20世纪60年代的人们就感受到了气候自然变化过程。20世纪60年代，我在美国华盛顿特区附近长大，在那里度过了10个异常严酷的冬天。冬天上学，我和伙伴们都要艰难地走过雪地。现在，科学家认识到，造成这种寒冷多雪的冬天气候的根源是两种自然气候振荡。如今，这两种自然气候称为北极涛动和北大西洋涛动，不过当时没有这样称呼。这两种气候振荡源于大气和海洋之间的相互作用，其效应在冬季最明显。

每种振荡的强度用异常程度的指数表示。所谓异常，是指在特定区域，冬季大气压力的分布偏离长期平均值的程度。受北极涛动影响的区域非常广，包括北半球大部分地区，即从北极一直向南到北纬20度（大致是古巴的纬度）的热带边界。北极涛动指数可以是正值，也可以是负值。正值表示北极气压低于平均气压，亚热带气压高于平均气压。在北极涛动指数呈正值的阶段，北极气压异常低，导致北极极涡不断加强。极涡是指北极附近的高层大气风场由东向西持续循环。加强的极涡往往会把寒冷的北极空气团留在北极圈里（参见《环球科学》2010年第2期《全球气候：变冷还是变暖?》）。

相反，在北极涛动指数呈负值的阶段，北极地区气压异常高，北极极涡减弱，因而不能限制寒冷的北极气团。故此，寒冷气团向南侵入中纬度地区，使寒冷天气爆发，降雪量增加。在北极涛动指数负值很大的阶段，北美东海岸和北欧地区特别容易受到这些事件的影响。

北大西洋涛动指数也表示某一区域大气压力在冬季的异常分布情况，但涉及的区域小得多。该区域涵盖亚速尔群岛附近的亚热带高气压中心与冰岛附近的副北极低气压中心之间的北半球大西洋部分。同北极涛动指数一样，北大西洋涛动指数可以是正值，也可以是负值。正值表示亚热带高气压中心附近的气压高于平均大气压，副北极低气压中心附近的气压低于平均大气压。在北大西洋涛动指数正值条件下，气压差增大，西风增强，西风全年从西向东刮遍北半球中纬度地区。气压差还迫使高速环球气流——急流——沿东北路径从北美东海岸吹向北欧。穿越北大西洋的冬季风暴，沿着类似轨迹，为北欧带去更加湿润、温暖的天气。

与此相反，在北大西洋涛动指数负值条件下，气压差减小，西风减弱，急流离开北美，更加猛烈地向北吹去，到达格陵兰岛，再向南到达欧洲。然而在这种情况下，风暴路径偏离急流，跨越北大西洋，直接刮向南欧和地中海，为这些地区带去更加湿润、温暖的天气，却使北欧既寒冷又干燥。

北极涛动和北大西洋涛动是否应当被看作两种不同的气候自然变动模式，对此，气候科学家们存在不同看法。一些人认为，北大西洋涛动仅仅是北极涛动在北大西洋的表现；另一些人认为，这两种涛动的动力学差异很大，有充足理由把它们看成不同的模式。虽然这两个指数高度相关，但是它们的表现偶尔存在许多重大差异，2011年冬天的情况就是如此。

变化过程

气候和天气的关系

北极涛动和北大西洋涛动这两种自然气候振荡现象能够强烈影响美国和欧洲的冬季天气。两者都有正、负状态，通常同步（见下图）。北极海冰夏季大面积消失改变了气候，会使北极涛动和北大西洋涛动容易出现负值情况，导致冬天更加寒冷。

北极涛动和北大西洋涛动呈正值时的特点是，亚热带（1）出现强大的大气高气压中心（H），副北极（2）出现强大的低气压中心（L）。北极涛动呈正值时的状态还与强大极涡（3）相关，强大极涡将北极的冷空气控制在北方（4），使南纬度区的暖空气向北远距离运动，进入美国和欧洲。具备了这些条件，急流和典型风暴沿着东北方向，横跨大西洋，把温暖、潮湿的空气送入北欧。

北极涛动和北大西洋涛动呈负值时的特点是，亚热带（1）和副北极（2）大气压力更弱。北极涛动呈负值时的状态还与极涡减弱（3）相关，极涡减弱使冷空气向南，进入美国全境和北欧（4）。具备了这些条件，急流沿着更曲折的路径，向南深入美国东部，到达格陵兰岛附近的大西洋，然后再侵入南欧。风暴往往沿更直接的向东路径，横跨大西洋，把水分带到南欧。

➕ **正的北极涛动**
➕ **正的北大西洋涛动**

➖ **负的北极涛动**
➖ **负的北大西洋涛动**

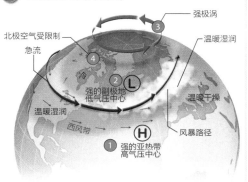

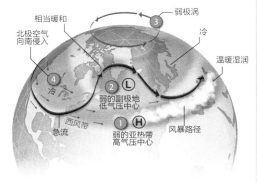

严冬易现

人类社会排放的温室气体持续改变着地球气候系统，任何变化的发生都将影响地球系统的自然气候振荡。要想区分哪些气候变化是由人类引起的很困难，并且需要对假设进行检验。最近的研究提供了新的证据，巩固了如下假设：通过扰乱北极涛动和北大西洋涛动的正常节奏，全球变暖和北极海冰消失正在影响冬季天气。

回顾我的童年时期——20世纪60年代，我们发现北极涛动指数和北大西洋涛动指数均为负值占压倒性优势，导致美国东海岸和北欧冬天温度低于平均水平，雪量多于平均水平。致使这10年严冬天气的因素，除了北极涛动和北大西洋涛动自然变动以外，没有其他任何因素。相反，从20世纪70年代到90年代，北大西洋涛动指数为正值占压倒性优势，只是偶尔会有一个冬天的北大西洋涛动指数呈负值。由此引发的暖冬与广为人知的全球气候变化相吻合。因此，许多科学家推测，温室气体浓度不断升高，可能就是大部分冬季北大西洋涛动指数始终呈正值的原因。IPCC利用模型预测，随着温室气体稳步增多，这一趋势将持续下去。然而在20世纪90年代末的冬天，北极涛动和北大西洋涛动指数一直呈正值的这种现象却突然终结。

虽然北大西洋涛动指数呈正值的冬季时期终结了，但这种变化并非意味着温室气体不断增多与北大西洋涛动指数之间的假设关系是错误的。当时人们没有预测到，20世纪90年代后期，在北极，全球变暖的放大效应开始加速。例如，海冰和冰盖融化使更多颜色更深的海面和地面暴露、减少了反射的太阳辐射，永久冻土层融化释放甲烷等，这些都是会造成全球变暖加速的正反馈。随着这一效应在北极圈发挥作用，气候状况进入另一个时期——美国国家海洋和大气管理局的吉姆·奥弗兰（Jim Overland）及其同事称之为北极暖期。这个时期的特点是北极海冰、格陵兰冰盖、永久冻土带和大陆冰川迅速消失。这些变化的中心环节是冰反照率反馈过程，也就是说，冰面融化，露出更暗的陆地或海洋表面，一个地区反射的阳光会随着冰面融化而减少。

科学家一直很关注冰反照率反馈。夏季海冰消失，更多海水暴露于阳光下。表面海水吸收太阳辐射，出现过热现象，形成两种重要反馈。首先，部分多余热量进一步加快海冰夏季融化；第二，秋季海洋逐渐向大气释放剩下的多余热量，使北极地区大气压力和水分含量升高，同时北极与中纬度地区之间的温差减小。

北极大气压力升高和温差降低，有利于在冬季形成北极涛动和北大西洋涛动指数呈负值的环境条件。这种情况导致极涡和急流减弱。弱化的极涡难以阻止北极的寒冷气团以及其中的水分进入中纬度地区，造成这些地区出现寒冷天气和雪暴。此外，急流减弱，在其运行途中会形成更大的大气波动。这些波动能滞留在某些地方，使这些地方长时间处在严寒中。综合起来，这些大气环流模式变化，往往可能使北美和欧洲出现更频繁、更持久的严冬。

然而，其他因素也可以为严冬的到来发挥作用。厄尔尼诺－南方涛动现象又是一种以太平洋为中心的强大气候振荡，它能够强烈影响美国大陆的冬季天气。在美国东部，急流在厄尔尼诺年向南转移，形成更冷、更严酷的冬季天气；在拉尼娜年，急流向北转移，在同一地区形成更温暖、更柔和的冬季天气。在厄尔尼诺年，加上北极涛动和北大西洋涛动指数呈负值的条件，使得美国东海岸更可能出现严酷寒冷的冬季，2009～2010年就出现了这样的事情。在拉尼娜年，北极涛动指数和北大西洋涛动指数呈负值的条件还可以阻止温暖冬天的出现。这就是2010～2011年冬天的情况，当时纽约和费城的低温和创纪录的大雪令预报者大感意外——他们基于拉尼娜现象，预测会出现更温暖的天气。

揭开谜底

2011～2012年冬天的情况

2012年，不寻常的大气条件导致美国和欧洲同时出现极端天气情况。北极涛动和北大西洋涛动都有正值和负值状态，通常都是同步的。2011年12月到2012年1月初，北极涛动和北大西洋涛动都是正值，而2012年1月中旬到2月初，北极涛动是负值。这些变化使北极空气侵入中欧和东欧，从而出现寒冷、多雪的天气。与此同时，北极涛动负值和太平洋拉尼娜现象同时作用，导致美国阿拉斯加出现异常寒冷、多雪的天气。拉尼娜现象还影响了急流进入美国北部的路径，使墨西哥湾暖和空气进入美国东部。

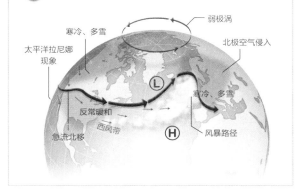

如何出牌

虽然北极地区的变化会使严冬天气更频繁、更持久地爆发，但我们永远无法确定在未来的年份中，老天爷会打出什么样的牌。毕竟，天气预报总有某种程度的不确定性。

2011年底至2012年初的那个冬季就很好地体现了天气预报的难题。当时，美国国家气候数据中心预测，美国东部地区的天气会相当温和，原因是太平洋出现了拉尼娜现象。初冬，北极涛动指数和北大西洋涛动指数确实开始出现正值。但2012年1月中旬，北极涛动指数出现负值，并一直持续到2月初，而北大西洋涛动指数一直保持正值。中欧和东欧部分地区，以及美国阿拉斯加遭到致命严寒和雪灾的袭击，而美国东部天气却反常地暖和。在冬季中期，北极涛动指数呈负值的条件下，拉尼娜现象和较高气压导致北美急流转向更北区域，墨西哥湾暖流进入美国东部地区，该地区出现有记录以来第四暖和的冬天。急流更靠北的路径也给北大西洋和西欧带来了相对温和的天气。

2012年3月初，东太平洋出现强大、持久的大气高压系统，进一步放大了不寻常的天气状况，导致美国中西部和东部出现创纪录的高温。然而，虽然那里的暖冬持久反常，但是应当指出，北半球其他地区以异常寒冷的冬季和早春告终。事实上，美国国家气候数据中心的报告指出，2012年3月的全球平均气温是1999年以来的最低水平。

对于2012年底至2013年初的冬季，从老天爷的出牌来看，北美和欧洲爆发恶劣天气的可能性似乎非常大。2012年夏天，研究人员观察到，北极海冰消失创下新高，这应当会提高北极寒冷气团侵入中纬度地区的概率。虽然很难预测中纬度的哪个地区最容易受到影响，但是2012年秋天，太平洋出现的厄尔尼诺现象有助于急流运动轨迹向南转移，增加美国东部出现寒冷有害冬季的可能性。美国东海岸特别容易遭受该地区臭名昭著的东北雪暴的袭击，这些雪暴会带来严寒和厚厚的积雪。

虽然没有任何人能准确预言，我们是否将再次遭遇2009年底至2010年初的冬季那样异常恶劣的东北风暴，但从2012年夏秋两季的情况来看，美国2012年底的这个冬天是自2007年以来，与2009年天气最相似的一次——2009年，北极海冰消失发生了显著变化。

扩展阅读

Climate Drives Sea Change. Charles H. Greene and Andrew J. Pershing in Science, Vol. 315, pages 1084–1085; February 23, 2007.

The Recent Arctic Warm Period. J. E. Overland, M. Wang and S. Salo in Tellus, Vol. 60, No. 4, pages 589–597; 2008.

An Arctic Wild Card in the Weather. Charles H. Greene and Bruce C. Monger in Oceanography, Vol. 25, No. 2, pages 7–9; 2012.

Evidence Linking Arctic Amplification to Extreme Weather in Midlatitude. Jennifer A. Francis and Stephen J. Vavrus in Geophysical ResearchLetters, Vol. 39, Article No. L06801; March 17, 2012.

谁温暖了
欧洲冬天

> 为什么欧洲大陆比地处同一纬度的其他大陆地区更暖和？是因为有一支源于热带海区并纵跨大西洋的暖水流使得欧洲大陆有了温和的冬天吗？也许并非如此。

撰文 / 斯蒂芬·赖泽 (Stephen C. Riser)
　　　苏珊·洛齐尔 (M. Susan Lozier)
翻译 / 韦骏　杨丽红

────────┤精彩速览├────────

　　三份新的气候研究成果显示，关于墨西哥湾流在调和欧洲大陆冬季气温中所起的作用，人们长期秉承的看法可能是不正确的。然而，这三份研究报告的观点也互不一致。

　　其中的两份研究报告强调大气中盛行风方向所起的关键作用，而另一份报告则聚焦在海洋释放的热量上。

　　许多气候模型表明，北极冰川的大量融化并不会像人们以前认为的那样会导致墨西哥湾流中断。

　　如今，一个由超过3000个海洋浮标传感器组成的全球观测阵列（简称Argo计划），可以从深至2000米的海洋中获得接近实时的温度和盐度图。相信在未来10年内，海洋对欧洲大陆以及其他地方气候的影响机制会变得更加清晰。

斯蒂芬·赖泽是华盛顿大学海洋学教授，他也是美国Argo联盟和国际Argo科学组的长期成员。

苏珊·洛齐尔是杜克大学尼古拉斯环境与地球科学学院的物理海洋学教授，大西洋经向翻转环流科学小组的成员。

　　一个世纪以来，老师一直这样教学生：海洋里有一支强劲的洋流叫墨西哥湾流，它将热带大西洋的温暖水流带到欧洲西北部。于是，被下方暖水加热的空气向欧洲内陆移动，使得欧洲大陆的冬天比大洋彼岸的美国东北部要温暖得多。

　　这个看上去简洁明了的故事可能该"退休"了。随着各界对全球气候研究的兴趣激增，科学家开始更深入地去探讨气候对墨西哥湾流的影响，并发现墨西哥湾流对欧洲大陆的影响机制其实并非如传统理论所表述的那样清楚。基于计算机模拟和海洋资料分析，科学家重新解释了欧洲北部的冬天通常比同纬度的美国和加拿大北部温和的原因，而墨西哥湾流所起的作用也与传统理论所描述的不同。其中一种理论还能够解释，为什么美国西北部比太平洋彼岸的俄罗斯东部暖和。

　　与此同时，最近的研究还对几年前一个非常流行的著名的假设提出了质疑。这个假设认为，北极冰川融化会让墨西哥湾流中断，从而导致欧洲大陆气候极度恶化。但这些研究也提示，气候变化可能会对墨西哥湾流产生影响，这也可能减小全球变暖对欧洲的冲击。

几个有争议的理论

　　地球上不同地区的气候差异主要是因为地球是一个球体。由于在低纬度地区，阳光更接近于直射地球表面，因此低纬度地区在单位面积上获得的热量比高纬度高。这种受热程度的不同产生了大气中的盛行风，盛行风的不稳定又可以将热量从热带到极地进行再分配。再者，覆盖地球表面70%的海洋也对热量的再分配起到了主要作用。海洋表层2米的水体所储存的热量，超过了整个海洋上空全部大气所含的热量。这是因为，1立方米的水的比热（用于表征储存热容量的属性）是相同体积的空气的4000倍（也是同体积土壤的4倍）。在中纬度地区，海洋表层100～200米的水温在一年中的变幅可以达到10℃，相对于大气或者陆地来说，海洋有能力储存和释放更多的热量。另外，洋流（例如墨西哥湾流）携带着海水绕地球运动，夏天海水从一个地方获得热量，然后又在几千千米之外将热量释放到大气中。

基于洋流运动和海水储存热量的能力，人们很容易得出这样的一个假设，处于北纬50度的爱尔兰的冬天的气温比处于大西洋彼岸同纬度的纽芬兰高20℃，这可能是洋流造成的。同样地，处于北纬50度的东太平洋（靠近加拿大温哥华）的气温比同纬度的俄罗斯堪察加半岛南端要高大约20℃。

19世纪的地理学与海洋学家马修·方丹·莫里（Matthew Fontaine Maury）首次将欧洲相对温和的气候归因于墨西哥湾流。这支强劲的洋流沿着美国东南海岸线向北运动，同时带来了热带和副热带的暖水。在和美国北卡罗来纳州的哈特勒斯角大约同一纬度的位置，墨西哥湾流转向东北方向，离开海岸线进入大西洋。莫里于是推测，墨西哥湾流为它上空的西风提供了热量，温暖的西风跨过大西洋向欧洲西北部运动。而且他进一步猜测，如果墨西哥湾流由于某种原因被削弱了，那么冬天的西风将会变得很冷，而欧洲也会经历像北极一样的寒冬。多年以来，莫里的观点几乎变成了一个真理。但直到现在，这个理论仍然没有被广泛验证。

然而就在10多年前，哥伦比亚大学拉蒙特－多尔蒂地球观测站的理查德·西格（Richard Seager）及其同事，对欧洲暖冬提出了一个与墨西哥湾流完全无关的解释。西格的模拟结果表明，由于大气中的急流（围绕地球的强而窄的高速气流带，集中在对流层顶或平流层）由西向东围绕地球运动，所以当它碰到洛基山脉时会南北摆动。这样的摆动使得急流由西北方向吹过大西洋海盆的西部，然后再由西南方向吹过大西洋海盆的东部。这样，西北风将大陆寒冷气流带到美国东北部，而西南风将海洋暖气流带到欧洲西北部。

不同的理论

为什么欧洲大陆的冬天比较暖和？

一个 100 年以前的理论认为，墨西哥湾流的暖水使得欧洲大陆的冬天比大西洋彼岸的北美大陆暖和，尽管两者处于相同纬度。但是与其竞争的新观点则强调了大气急流（盛行风）和北极冷空气的作用。

新理论Ⅰ：急流
一支摆动的急流从西南方向吹向欧洲大陆。强风直接扫过海洋温暖的表面，将夏天储存在海洋中的热量释放出来。

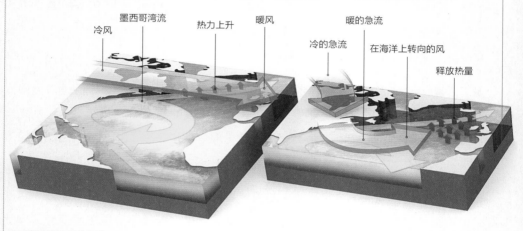

冷风　墨西哥湾流　热力上升　暖风　　冷的急流　暖的急流　在海洋上转向的风　释放热量

不准确的经典理论：
墨西哥湾流将热带暖水带到美国东南部，然后跨过大西洋来到欧洲大陆。根据这个理论，当暖水到达欧洲大陆附近时，会加热海水上方的空气。此后，风将这部分暖空气带往欧洲大陆。

在这个观点里，温暖了欧洲冬季的热量并非来自墨西哥湾流，而是夏季储存在欧洲大陆外海上层100米海水中的热量。在冬天，西南风搅动海洋表层水时，这部分热量就释放到大气中。在此模拟场景中，莫里的经典假设是错误的：大尺度的气流被山脉中脊改变了方向，加上欧洲附近局部海洋中储存的热量，造成了大西洋东西部温度的差异（见"不同的理论"）。

这里有很重要的一点需要注意：西格的模型并没有明确地考虑到海洋对热量的传输问题。这一点于西格的研究发表后不久，由华盛顿大学的彼得·莱茵斯（Peter Rhines）和美国国家航空航天局戈达德空间飞行中心的西尔帕·海基宁（Sirpa Häkkinen）合作发表的论文对此进行了详述。他们对西格的研究做出了反驳，并对

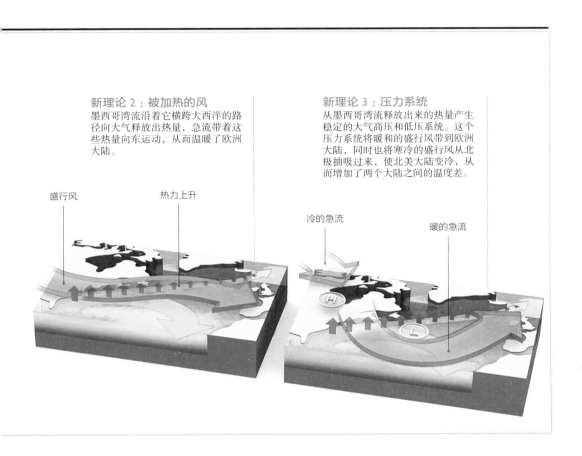

新理论 2：被加热的风
墨西哥湾流沿着它横跨大西洋的路径向大气释放出热量，急流带着这些热量向东运动，从而温暖了欧洲大陆。

新理论 3：压力系统
从墨西哥湾流释放出来的热量产生稳定的大气高压和低压系统。这个压力系统将暖和的盛行风带到欧洲大陆，同时也将寒冷的盛行风从北极抽吸过来，使北美大陆变冷，从而增加了两个大陆之间的温度差。

盛行风　　　热力上升

冷的急流　　　暖的急流

莫里的经典理论给予了现代学说的支持。这两位海洋学家在仔细分析了档案库里的海表温度资料之后提出：储存在欧洲北部纬度区域的、来自东部大西洋上层海水中的热量，仅够维持当地12月中一个月的温暖气温（以平均情况来说），而保持冬天剩下几个月温暖所需的额外热量必须由其他来源弥补。而最有可能的来源就是：向东北方向运动的墨西哥湾流。

观测资料显示，在北纬35度（靠近美国北卡罗来纳州的纬度），北大西洋会向北运输大约0.8拍瓦（1拍瓦=10^{15}瓦）的热量，这些热量大部分来自墨西哥湾流。然而在北纬55度，这一海区向极地的运输热量则小到可以忽略。那么，这些热量去哪里了呢？莱茵斯与海基宁表示，热量沿着墨西哥湾流的路径从海洋释放到了大气，然后被盛行风带往东边，温暖了欧洲的气候。莱茵斯与海基宁实质上是在为莫里的墨西哥湾流假说辩护，而西格则反对莫里的假说，并强调了大气急流的作用。

2011年，以色列魏茨曼科学研究所的约哈伊·卡斯皮（Yohai Kaspi）和美国加州理工学院的塔皮奥·施奈德（Tapio Schneider），基于设计新颖的大气与海洋数值模拟实验提出了第三种观点。他们对西格和莱茵斯的模拟场景分别提出了一个可信度参数，但主要是针对大气压力场。卡斯皮和施奈德的模型模拟结果表明，沿着墨西哥湾流离开美国东海岸的路径，海洋向大气释放的热量会在东边，即大西洋靠近欧洲大陆的一侧，产生一个稳定的大气低压系统。同时，这些热量还会在西边（北美大陆的东侧）产生一个稳定的高压系统。由于某些复杂的原因，两个系统的共同作用使得稳定的低压系统通过急流的西南暖风，将墨西哥湾流在整个冬季释放出来的热量输送到欧洲西部；稳定的高压系统从北极带来冷空气，使北美东部降温，从而也增加了北美与欧洲之间的温度差异。

这样，造成大西洋两端气候差异的原因不仅使欧洲西部变暖了，而且还使北美变冷了。也就是说，由墨西哥湾流区域损失的海洋热量形成的大气环流形态，使得上述两个地区拥有了它们各自的温度特征。

然而，仅依靠大西洋的中纬度区域在夏季获得的热量，并不足以维持由墨西哥湾流释放热量所形成的大气环流系统。因此，由墨西哥湾流从低纬度带来的另一部分热量也是必需的。从这个意义上说，卡斯皮和施奈德也部分证实了莫里早期的观点。尽管这个大气低压 - 高压系统的形成与洛基山脉对急流的影响无关，但这项新工作仍确实突出了西南风在给欧洲带来温暖冬季这一问题上的重要性。

有意思的是，卡斯皮和施奈德的模型也解释了为什么美国俄勒冈州西部、华盛顿州和加拿大不列颠哥伦比亚省的冬天比俄罗斯堪察加半岛的冬天要温和。而且，类似的跨太平洋的气候差异还从未归因于黑潮（太平洋中类似于墨西哥湾流的暖流，又称日本暖流）的存在。这主要是因为太平洋是一个更大的海洋，且黑潮比墨西哥湾流要弱很多。然而，卡斯皮和施奈德的模拟结果表明，通过黑潮损失的热量也可以产生一个稳定大气压力系统，就像墨西哥湾流在大西洋中产生的那种一样。这个系统将极地的冷空气通过西北风带到亚洲西北部，通过西南风将暖空气带到美国北部的太平洋沿岸。

墨西哥湾流的中断

尽管对于模型正确性的讨论还众说纷纭，但似乎卡斯皮和施奈德模拟的场景更受欢迎一些。莫里假说的第二部分内容，即墨西哥湾流如果中断将会导致欧洲西北部出现恶劣的寒冬，最近引起了人们的强烈兴趣。很多年以来，墨西哥湾流在气候变化中的作用被归结为这样一个问题：如果气候变暖导致北极冰川融化，那么从北大西洋进入海洋的过多淡水会不会减弱大西洋的翻转流，从而中断墨西哥湾流，阻断欧洲西北部重要的热量来源？

在北大西洋，表层温暖的海水向北极流动。这些海水释放出热量后，在高纬度的加拿大拉布拉多半岛和挪威附近海域下沉，下沉到一定深度后，以北大西洋深层水的形式向赤道回流，并逐渐被加热。而被加热后的海水密度减小，再次上翻到海洋表层，这样就形成了一个类似上下传送带一样的闭合环流。在北大西洋下沉的冷水会由在全球其他海区上升到海洋表面的暖水所补充。

在许多气候变暖的模拟场景里，北极冰川融化会给高纬度的海区注入大量淡水。但淡水盐度比海水低（密度小），因而不会下沉，下沉运动受阻碍就使得大西洋翻转流中的底层流得不到补充。在这种情况下，因为没有相应的下降流来补充，所以就没有任何物理过程可以使底层暖水在其他地区上升。这样的后果就是，由于没有新的暖水上升到海洋表面，那么由此形成的向北运动的洋流，即墨西哥湾流，可能就会被削弱。而在另一种相似的模拟场景里，在高纬度注入的淡水会使墨西哥湾流路径向南偏移，或者减弱其强度。不论哪一种情况，发生减弱的或偏移的墨西哥湾流都会导致欧洲在冬季得到的热量减少。许多模型结果也都明确预测了大西洋翻转流的减弱，与随后北大西洋和欧洲西北部的降温存在相关性。

然而最近，准确度更高的海洋模型研究却表明，北极融化的淡水主要流入了靠近海岸线的沿岸洋流中，因此对大洋没有显著的影响，而海水下沉主要发生在大洋区。因此，即使淡水极大地影响了北大西洋海区中下沉海水的总量，这些影响也几乎不能有效地中断墨西哥湾流。而要完全停止墨西哥湾流更是不可能的，因为其路径和强度主要由大规模中纬度风的风速和方向决定。在大多数的气候变化模拟场景中，大尺度风场的总体方向是不会因为北极冰川融化而显著改变的，因此墨西哥湾流的平均路径和强度也不会改变太大。然而，墨西哥湾流在东北方向的延伸区（一个将上层暖水带入副极地海域的、相对较弱的湾流分支）却有可能被中断。这样，相当充分的证据表明：墨西哥湾流会一直持续下去。但是，在不同气候模拟场景中，墨西哥湾流究竟会向北输送多少水量，仍然没有明确的答案。

更多数据和更高分辨率

目前，对于气候变化如何影响欧洲大陆天气，研究者主要从计算机模拟实验中找答案。而模拟实验仍然包含了大量的不确定性，只有通过更大量的海洋数据才能消除这些不确定性。然而，目前很少有一个世纪之前的大洋观测资料，而我们可以获得的卫星资料也只是大概过去30年的。

最近，在利用Argo计划改进海洋资料数据库方面，科学家取得了巨大的进展。这是一个正在进行中的全球资料搜集计划，可以从分布在全球的3000多个浮标传感器上收集海洋温度和盐度资料。Argo的浮标阵列由全球30多个国家操作和部署。这些浮标阵列可以让科学家取得全球海洋上层2000米的、接近实时的温度和盐度图。近10年里，完备的浮标阵列已经部署到位，科学家开始利用这些设备验证大气变化和大尺度海洋变化之间的联系。

例如，通过比较Argo计划的数据和美国斯克里普斯海洋研究所迪安·罗米奇（Dean Roemmich）和约翰·吉尔森（John Gilson）在20世纪80年代取得的海洋观测资料，我们可以发现，上层几百米的海水在过去20年里升温了大约0.2℃，上层海洋的盐度也增加了0.1%，而在几百米之下的海水中，盐度和过去20年相比却明显降低了。这些变化是否足以改变欧洲大陆或者其他地方的气候仍是一个有待回答的问题，但至少从Argo计划中获得的数据可以为我们提供一些线索。如果地球既不会变冷也不会变热，那么来自太阳的热量输入必须等于地球向太空辐射的热量。很明显，大气中累积的温室气体打破了这个平衡。在上层海洋观测到的0.2℃的升温，就是地球获得的太阳辐射与向外辐射的热量的差值（大约每平方米1瓦特）。

改进后的海洋观测网取得的初步结果，为气候理论和模型研究提供了一个强有力的支持。资料分析的结果还为预测未来几十年可能发生的变化提供了线索。在未来10年中，当科学家通力合作，深入研究卫星海表资料、计算机模型，以及从Argo计划取得的更长时间的次表层海洋资料时，他们或许就能够在一种新的精度上去评估海洋在气候变化中所扮演的角色。

到那时候，我们也许才可以最终确定，在我们这样一个充满海水的星球上，墨西哥湾流是如何影响气候变化的。

扩展阅读

Is the Gulf Stream Responsible for Europe's Mild Winters? R. Seager et al. in Quarterly Journal of the Royal Meteorological Society, Vol. 128, No. 586, pages 2563–2586; October 2002.

The 2004–2008 Mean and Annual Cycle of Temperature, Salinity, and Steric Height in the Global Ocean from the Argo Program. Dean Roemmich and John Gilson in Progress in Oceanography, Vol. 82, No. 2, pages 81–100; August 2009.

Winter Cold of Eastern Continental Boundaries Induced by Warm Ocean Waters. Yohai Kaspi and Tapio Schneider in Nature, Vol. 471, pages 621–624; March 31, 2011.

二氧化碳换能源

处理二氧化碳的问题，被很多国家、企业视为负担，因为这样做要投入高昂的成本。可是，如果有一种方法，在处理二氧化碳的同时还可以产生大量可用的能源呢？

撰文 / 史蒂文·布赖恩特（Steven L. Bryant）

翻译 / 谢丛姣

精彩速览

很多国家并没有回收二氧化碳，因为将二氧化碳储存在地下是一项耗资巨大的工程。

科学家发明了一个连环系统：首先将盐水从地层深部开采出来，然后将二氧化碳溶解在盐水中，再注入到地层。在这一过程中，可以同时获得地热能和甲烷，因此这个封闭循环系统让二氧化碳的封存变得经济可行。

将溶解二氧化碳的盐水注入到地层中，能永久封存二氧化碳。研究表明，美国墨西哥湾沿岸含有足够的深层盐水，每年能封存美国二氧化碳排放总量的1/6，同时这个处理过程中产生的天然气，每年也能满足美国天然气需求的1/6。

据称，马克·吐温曾经说过："每个人都在抱怨天气不好，却没有人为此做些什么。"如果马克·吐温还在世，那他可能会说："每个人都在谈论气候变化，却没有人真正采取行动来遏制气候变化。"其中最大的原因是经济问题。二氧化碳是导致气候变化的直接因素，而要减少大气层中的二氧化碳含量，则需要人们付出高昂的代价，如转而使用其他能源来代替当今的主要能源——石油和煤炭，或者采用成本高昂的技术，捕集由各种企业排放的二氧化碳，把它们封存起来，保存几百年。

史蒂文·布赖恩特是美国得克萨斯大学奥斯汀分校石油工程和地质工程系教授，也是该校地下能源安全前沿中心主任，并负责了一项由能源公司资助的研究项目。这个项目和他领导的能源安全前沿中心都致力于二氧化碳的地质封存研究。

让我们来想象一下，如果有一种技术，既能产生大量的能量，又可明显减少温室气体的排放，而且还与现有的工业基础设施非常匹配，它会带来怎样的影响？这种假设将在美国的墨西哥湾成为现实。那里有特殊的地质条件，可以把大量的二氧化碳封存在地面几千米之下的热盐水层中；而这个封存过程，能够产生大量的甲烷和可用热能。如果分开来看，封存二氧化碳、开采甲烷、利用地热的成本都不低，经济上都不划算。然而，最新的计算结果表明，如果将这三个方面统筹考虑，形成一个连环系统，那么这种方法在很多地方都能取得成功。

封存二氧化碳

说到甲烷，它可是近年来发现的导致气候变化的重要因素。它能从天然气管道及以水力压裂方式开采页岩气的气井中泄漏出来。在使全球变暖这方面，甲烷的能力是二氧化碳的20倍。既然这样，为什么反而说上述技术会产生甲烷是一件好事呢？

要理解其中的逻辑关系，你先得了解一下二氧化碳是如何捕集和埋藏的——这一过程被称为隔离（sequestration）。在隔离二氧化碳的过程中，我们会遇到一些困难。正是这些困难，让我和同事提出了上述看似很诡异的连环系统。

我们捕集和封存的目标，是化石燃料发电厂排放的废气中的二氧化碳分子，目的是把它们封存起来，不让它们进入大气层。封存听起来很简单，但在实际操作中，能够封存巨量二氧化碳的地方只能是地下。科学家已经确定，从理论上来讲，在地面之下几千米以内的沉积岩中存在孔隙，这些孔隙能封存达几个世纪的二氧化碳排放量。

以美国为例，如果封存15%的二氧化碳排放量，每年就能处理10亿吨的二氧化碳。目前，全球的能源行业每年从沉积岩中开采40亿吨原油和20亿吨天然气。这样的开采规模意味着，将10亿吨压缩的二氧化碳注入地壳是可行的，只是得付出巨大的努力。当然，在同样的规模上，其他方面的一些改变，如提高能源效率和使用非化石燃料，也能从源头上减少二氧化碳的排放。

下一步要做的事似乎很明显：使用已经相对成熟的石油和天然气开采技术来实现二氧化碳封存，并且马上开始实施。遗憾的是，这项战略存在一个根本缺陷。随着时间的推移，二氧化碳会通过岩石的裂缝和孔隙逃逸到地表，最终扩散到大气层，除非它遇到"密封层"——一个岩石层，它的孔隙非常小，以至于气体不能从中通过。

石油工业离不开油气的这种自然上升过程。地下储层内的石油和天然气从很深的岩层中，沿着各种孔道到达地表。在这个长期的、缓慢向上涌出的过程中，一些流体被"困"在某些地方，但更多流体依然保持着流动，直到到达地表。在石油工业早期，大多数勘探者都是在他们发现有油气逸出的地方钻井。

不少科学家都研究过二氧化碳在地下的上升过程，得到的结果基本相似：很多地质结构都能阻止二氧化碳向地面逃逸，但也有一些孔隙，允许二氧化碳向上扩散。尽管如此，工程师还是可以利用二氧化碳的一种奇怪性质来完成封存。对于大多数液体来说，当有气体在里面溶解时，密度会下降。但当二氧化碳溶解在水中时，液体的密度却会增加。地下大多数水溶液是盐水，当二氧化碳溶解在含盐的流体中时，盐水的密度也会变大。这样，二氧化碳向上扩散的问题就解决了。以这种形式封存的二氧化碳会下沉到溶液底部，远离地表，同时也增加了二氧化碳封存的安全性。

隐藏的能源

这种方法的难点在于，在通常的温度和压力下，二氧化碳需要花很长时间才能溶解在地下盐水中。因此，我和我的研究生马克·伯顿（Mac Burton）提出了一个大胆的想法：钻一口到达盐水层的井，将盐水从地层中取出，加压，再注入二氧化碳（在混合容器中，二氧化碳很快就会溶解在盐水中），最后将溶解了二氧化碳的盐水注回地下。

显然，这项计划需要消耗很多能量。而且，盐水能带走的二氧化碳相对来说还是很少，因此必须抽取大量的盐水。这两个问题中的任何一个都可能使这个计划流产。

第二个问题解决起来似乎并不困难。例如，石油公司通常会按一定的密度，在油藏区域内钻井，然后通过注水井，将水或者盐水注入地下，迫使石油从生产井中涌出。目前，石油公司每年会向地下储层注入大约100亿吨盐水，这些盐水大多数源于地下储层本身。因此，对于二氧化碳封存来说，可以直接使用石油公司抽取的地下盐水，数量足够了——从一些油井抽出盐水，溶解了二氧化碳之后，再从另一些油井注回地下储层。

封存二氧化碳还存在另一个挑战——从钻井所需的成本，以及运行中消耗的能量来看，似乎很不划算。石油企业不会自愿去储存和回收二氧化碳，因为排放二氧化碳不需要付出任何代价。如果从经济利益的角度考虑，石油工业界根本没有必要隔离二氧化碳。所以，为了保护地球，让化石燃料使用者承担所有相关成本（包括对环境的改变）的政策主张，至今没能说服任何人为此付出代价。初看上去，将二氧化碳封存到盐水中的成本，似乎是个难以解决的问题。

不过在不久前，一个诞生于得克萨斯大学奥斯汀分校一间办公室的想法，或许能够解决这个难题。加里·波普（Gary Pope）是一位石油工程专家，他的主要研究工作，就是想办法将石油从地下"驱赶"出来。他意识到，或许可以对一种隐藏的能源加以利用。

和世界其他产油区一样，美国墨西哥湾地下深处的盐碱含水层中，含有丰富的溶解性甲烷。甲烷是天然气的主要成分，可以就地传送给当地发电厂发电，或者通过发达的天然气管网输送到其他地区。当盐水到达地面时，我们可以将甲烷提取出来，再将二氧化碳在其中溶解。即使在天然气价格普遍较低的情况下，从甲烷和地热中获得的收益也会超过隔离二氧化碳所需的成本。至于实施这一系列计划的成本最终是否会转移到当地的纳税者头上（纳税者通常都支持修建发电厂），则取决于当地的法规。

下一个要解决的问题是，这个计划本身能否成功。我和波普随即安排研究生礼萨·甘基达内什（Reza Ganjdanesh）去寻找答案。

大自然的力量对我们很有帮助。与常规的钻孔相比，当盐水从生产井中采出，随着压力的下降，甲烷就会释放出来。溶解在盐水中的二氧化碳会将更多甲烷排驱出来。此外，在美国得克萨斯州和路易斯安那海岸线，许多含水层在地下的深度都超过3000米，而且处于高压之下，因此只需要极少的能量，就能让盐水来到地表。

这些含水层里的盐水还具有很高的温度，是很好的地热资源。甘基达内什经计算发现，这几个过程形成连环系统之后，也就是将二氧化碳注入盐水后，获得的甲烷和地热的能量，已经超过了运营这一项目所需的能量。从经济角度考虑，即使在不用为碳排放付出任何代价的地区，可以产出净能量的二氧化碳封存技术也具有十足的吸引力。

"能源金字塔"

这种技术，甚至可以看作一种开采新能源的方法。"容易开采的石油已经没有了。"这是化石燃料工业界常说的一句话。同样，容易开采的天然气也快没有了。在这几十年内，那些最容易开采、含油含气量最多的地方，都已经布满了油井和气井。当这些地方开采完之后，能源企业就朝着"能源金字塔"的下端移动，开采那些不大容易开采的石油和天然气。在过去三五年里，美国石油和天然气产量的增加，主要来自水力压裂技术对深层页岩的开采。从这些岩石中开采任何东西都是缓慢和困难的，而且这种储层的石油和天然气并不是那么集中，但用压裂技术开采页岩气是向"能源金字塔"下方移动的合理步骤。我们走向这一步是必然的，因为能源需求持续上升，而且过去那种简单的石油供给方式正在消失。

不过，"能源金字塔"也有引人瞩目的一面。能源开采越发困难，但能源总量却很可观。因此，尽管与常规的气井相比，页岩气井开采效率很低，但封存在页岩层内大量的天然气会让能源公司争前恐后。

在"能源金字塔"中，页岩气之下，就是溶解在地下盐水层中的甲烷。在盐水中，甲烷的浓度仅相当于页岩气的1/5，但甲烷总量还是很惊人的。据估计，仅在美国墨西哥湾沿岸，地下盐水层就储存了几千万亿，甚至几万万亿立方英尺（1立方英尺=0.028317立方米）的甲烷。而在过去10年中，美国每年消耗的天然气为20～25万亿立方英尺。

如此大的储存量曾让美国能源部垂涎三尺，以至于在20世纪七八十年代出资开钻实验井，将盐水抽取到地面。可惜就成本而言，从盐水中提取的甲烷并不具备竞争力。

尽管到了今天，盐水甲烷仍然没有足够的竞争力，但抽取盐水的副产物——地热能，却会改变这个情况。可以说，以人类历史的长度来衡量，地球可以无限期地产生热能。就像其他地下能源一样，开采地热能所需的也是注入井和生产井——这些都是成熟的技术。目前，地热能的开采没有取得进展的原因主要是，与石油或天然气比起来，地热能的能量密度太低了：相同体积下，地下盐水携带的热能，要比煤、石油或天然气燃烧产生的能量低两个数量级。

得出这个悲观的结果，是因为人们考虑的方向是发电。但是，根据美国能源部资助的一项地热能二次评估报告，美国大约10%的能源消耗是用来加热和冷却建筑物内的空气，以及为家庭供应热水。用温度高达2200℃的火焰来为水加热，比如民用燃气热水器的加热方式，简直是大材小用。在不需要太高温度的情况下，比如供暖和供应热水，能量密度较低的地热能完全可以胜任。在欧洲，从很多年前开始，一些家庭就开始用地热泵来供暖和供应热水了。

闭环系统

无论是将二氧化碳封存于地下，或是从盐水中提取甲烷，还是从盐水中获取地热

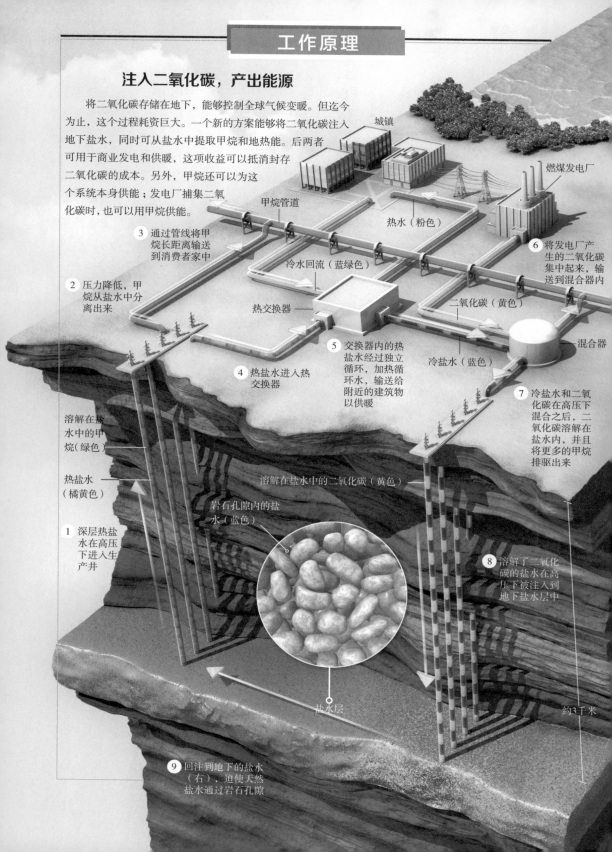

注入二氧化碳，产出能源

　　将二氧化碳存储在地下，能够控制全球气候变暖。但迄今为止，这个过程耗资巨大。一个新的方案能够将二氧化碳注入地下盐水，同时可从盐水中提取甲烷和地热能。后两者可用于商业发电和供暖，这项收益可以抵消封存二氧化碳的成本。另外，甲烷还可以为这个系统本身供能；发电厂捕集二氧化碳时，也可以用甲烷供能。

城镇

燃煤发电厂

甲烷管道

热水（粉色）

3 通过管线将甲烷长距离输送到消费者家中

冷水回流（蓝绿色）

6 将发电厂产生的二氧化碳集中起来，输送到混合器内

2 压力降低，甲烷从盐水中分离出来

热交换器

二氧化碳（黄色）

5 交换器内的热盐水经过独立循环，加热循环水，输送给附近的建筑物以供暖

混合器

冷盐水（蓝色）

4 热盐水进入热交换器

7 冷盐水和二氧化碳在高压下混合之后，二氧化碳溶解在盐水内，并且将更多的甲烷排驱出来

溶解在盐水中的甲烷（绿色）

热盐水（橘黄色）

溶解在盐水中的二氧化碳（黄色）

岩石孔隙内的盐水（蓝色）

1 深层热盐水在高压下进入生产井

8 溶解了二氧化碳的盐水在高压下被注入到地下盐水层中

盐水层

约3千米

9 回注到地下的盐水（右），迫使天然盐水通过岩石孔隙

能量，从单方面考虑，在经济上都不可行。但若将三者组合到一个系统内，看起来则像一个三条腿的凳子：它们互相支持。然而，最终的问题是，这个系统能否隔离足够的二氧化碳，进而能够在很大程度上完成减排任务。

最近，我们对墨西哥湾做了一些评估。这片区域有很多化石燃料发电厂和其他产生大量二氧化碳的工厂。为了最大程度地减少碳排放，可以将其他地区的二氧化碳输送过来。建造二氧化碳输送管道的成本很高，但运营成本却很低，因此还是可以接受的。例如20世纪80年代，在美国得克萨斯州二叠纪盆地附近，石油公司建造了跨越4个州、总长超过3400千米的管道，将地下储层内的二氧化碳输送到油田，用来提高石油的采收率。在墨西哥湾沿岸，地下有巨大的盐水储层，当地也有大量天然气管道可以通往其他地区。另外，该地区人口众多，可以消费大量的地热资源。

每年封存10亿吨二氧化碳，这是目前美国排放量的1/6，即每天需要注入和抽取4亿桶盐水。这是很惊人的数字，但利用10万口注入井和抽取井，还是能够达成目标的（可供参考的案例是，得克萨斯州曾为开采石油和天然气钻了100万口井）。钻这么多口井，可能需要花费数十年时间。但对于其他任何技术来说，要想每年减少10亿吨的二氧化碳排放量，也要这样长的时间才可能实现。举个例子，现在美国由燃煤发电厂输出的电量约为20万兆瓦，如果全部改由核电厂发电，那么美国每年的碳排放量即可减少10亿吨。但要实现这个目标，需要建造大约200个大型反应堆，同样需耗时数十年。

这个连环式的二氧化碳封存方案附带产生的能源效益，也足以支撑整个系统。每年封存10亿吨二氧化碳，将会产出约4万亿立方英尺的天然气，为美国目前消耗量的1/6。2012年，美国开采了约9万亿立方英尺的页岩气，价值250亿美元。

地热能的产出量同样可观。如果利用地热来供暖和供应热水，那么我们从地热中获得的能量，就相当于甲烷提供的热量：大约20万兆瓦。目前尚不清楚墨西哥湾沿岸对地热是否有如此大的需求，不过这里有很多石化工厂，也会建造很多碳回收工厂，这些工厂将会消耗掉很大一部分地热能。另外，如果地热能以10%的效率转换为电能（当前水平的转换率），那么将会产生2万兆瓦的电能，这也是相当可观的，目前美国的风能装机容量为5万兆瓦。

我们这套系统的产出似乎颇为可观，足以支撑大规模的二氧化碳封存任务。从体积来算，封存二氧化碳也不是难题。每年封存10亿吨的二氧化碳，一个世纪就可以隔离1000亿吨。同时，还能产出380万亿立方英尺的甲烷——据估计，这还不到墨西哥湾沿岸地下含水层内甲烷总量的1/10。所以，有足够大的空间来封存二氧化碳，也有足够多的储量来提供充足的天然气。

假如产出的甲烷用于火电厂发电，而且无须回收这些甲烷产生的二氧化碳，此后100年内，我们的系统能使二氧化碳的排放量下降800亿吨。这绝对是一个惊人的数字。忧思科学家联盟（Union of Concerned Scientists）已经确定，如果将大气的二氧化碳浓度限制在450ppm（这是大家公认的能使全球气温上升近2℃的二氧化碳浓度）以下，那么到2050年，美国和其他工业国家应将碳排放水平减少到2000年的25%。要完成这个目标，从现在起到2050年，美国需要回收1500亿吨的二氧化碳。如果我们的系统开始正常运作，每年封存10亿吨二氧化碳，即使只运行20年，隔离的二氧化碳也能为美国的减排目标贡献15%的力量。

当然，我们需要钻很多井，用于抽取和注回盐水；另外，在运作时还要非常小心，以免甲烷逃逸到空气中。这些井的钻法与传统的油气井相似，技术已经成熟。美国环保局有一套严格的程序来检查甲烷的排放以及排放源，而且能源企业也不愿意失去甲烷这种可以售卖的产物。而对盐水、甲烷和二氧化碳的处理，在复杂程度上，可能与石化工厂的操作流程相似——这也是成熟行业。最后，由于地下盐水都是液体，在钻井和管理方面，也与常规的、已经运作了几十年的石油行业相似。而且，这个过程不像水力压裂技术开采页岩气那样，需要将化学药品和大量的地下水注入岩层，并且存在一定的安全隐患。

这项活动诱发地震的可能性也非常低。最近的研究表明，将大量的流体（有时是处理废水）注入到特定的地质结构中，可能会提高地震的风险性。然而，处理盐水的过程是一个"闭环"：注入地下的盐水都是从原地层抽取的。按照这种方式，地下的压力不会有太大变化。

当然，建立这样一个系统恐怕耗资巨大，同时也可能增加消费者的用电成本。但是，话说回来，要想大幅度降低二氧化碳的排放量，我们做任何事情——无论是建造成千上万座太阳能和风能发电厂，还是用200个反应堆来取代燃煤发电厂，都会付出不小的代价。

开始行动

鉴于我们多次计算的结果，盐水封存系统在理论上是可行的。不过，工厂化的实验结果才是决定我们的系统是否可行的关键所在。目前，美国桑迪亚国家实验室、劳伦斯·利弗莫尔国家实验室和英国爱丁堡大学的研究人员，正在设计一些方案，以便更高效地向地下盐水注入二氧化碳，同时从中提取能源。还有两家企业在考虑，是否在墨西哥湾建立实验工厂。

当前，积累经验是明智的做法，因为全球气温只要有一点升高的可能，二氧化碳减排这个任务就迫在眉睫。

美国墨西哥湾沿岸是建立盐水封存系统的理想位置。然而，碳排放问题是全球性的。我们不知道世界上哪些地方还能应用此系统，但这样的地方需要具备的关键因素是，含有溶解性甲烷的盐水层。只要发现有烃类物质的地区，也许就有这样的盐水层。中国和俄罗斯都有大型的含油气盆地，也许可以一试。

扩展阅读

Eliminating Buoyant Migration of Sequestered CO₂ through Surface Dissolution: Implementation Costs and Technical Challenges. McMillan Burton and Steven L. Bryant in SPE Reservoir Evaluation & Engineering, Vol.12, No. 3, pages 399–407; June 2009.

Coupled CO₂ Sequestration and Energy Production from Geopressured-Geothermal Aquifers. Reza Ganj-danesh et al. Presented at the Carbon Management Technology Conference, Orlando, Fla., February 7–9,2012.

Regional Evaluation of Brine Management for Geologic Carbon Sequestration. Hanna M. Breunig et al. in International Journal of Greenhouse Gas Control, Vol. 14,pages 39–48; May 2013.

油砂开采：环境与利益的博弈

随着容易开采的石油储备量越来越少，人们将能源需求转向了油砂矿等新的燃料来源。但是，开采和使用来自油砂的油会导致温室气体排放量大幅增加。因此，必须谨慎考虑是否应该修建输油管以扩大油砂生产。

撰文 / 戴维·别洛（David Biello）

翻译 / 冉隆华

| 精彩速览 |

把油砂转化为石油，并且把这些石油作为燃料燃烧，将产生大量二氧化碳。

如果全球平均温度升高2℃以上，可能会触发灾难性的气候变化。为防患于未然，全球累积碳排放量必须限制在一万亿吨以下。

但现在，人类累积碳排放量已经超过了上述极限值的一半，而油砂产量扩大将加速温室气体排放。

如果基石XL输油管（Keystone XL pipeline）项目建成，将加速油砂生产，使全球碳排放量更迅速地向极限值靠近。

戴维·别洛写过将近10年的关于能源和环境的文章，在过去的4年里担任过《科学美国人》杂志社助理编辑，也曾主持过一个名为《地球60秒》的环境新闻节目。目前，他正与底特律公共电视台一起制作一部关于电能未来的纪录片。

电脑屏幕上红灯闪烁，但是本·约翰逊（Ben Johnson）却不予理会。约翰逊是一名工程师，又瘦又高，饱经风霜。他正靠着电脑显示器旁边的桌子，讲述他在加拿大艾伯塔油砂矿时的经历。他的任务是提取含有矿石和水分的矿泥，并分离"沥青"——一种焦油状的油料，可提炼成常规原油。他和两位同事负责看管一个监控站。该监控站位于一座三层锥形建筑（倒置漏斗形状）的底部附近。矿泥和热水流入锥形建筑的中部，沥青会上升到顶部，然后溢出，流到周围的炉床上。

2012年，有一次沥青上升得非常快，沿着锥形建筑的侧面一直往下流，淹没了建筑的下半部分。为防止此类事故再次发生，工程师安装了许多传感器，用来监测温度、压力和其他参数。如果出现什么闪失，传感器就会报警。然而，警报太频繁了——"每天1000次"，约翰逊这么说道，因此工程师习惯于把声音关掉。他说："我们没办法把那当作说唱歌手的歌声，因为那会让我们发疯。"

森科能源公司北斯蒂普班矿有许多"分离器"，约翰逊操作其中一台。艾伯塔油砂矿的面积大约有15.2万平方千米，北斯蒂普班矿的产量只占现有油砂产量的很小一部分。过去10年间，油价高涨，这些油砂矿有利可图，加拿大已经迅速扩大了生产规模。仅在2012年，艾伯塔就出口了价值550多亿美元的油料，其中大多数去了美国。所以，这也难怪约翰逊他们不理会警报。

然而，艾伯塔油砂开采热潮正在引发另一种警报，这种警报发自气候科学家。燃烧化石燃料排放的二氧化碳正推动着全球温室气体浓度迅速逼近临界值——在大气中二氧化碳的浓度达到450ppm，就会使温度上升2℃以上。一些科学家担心，超过这个临界值，就可能发生灾难性气候变化。虽然在所有化石燃料中，煤炭所占比例更大，但是，和常规石油相比，开采和炼制艾伯塔油砂需要更多能源，这额外增加了温室气体排放量。越来越多的人开始采用从油砂中炼油的方式获得原油。如果把现在还束缚在油砂中的碳释放出来，极有可能使全球气温快速上升，且上升幅度超过2℃的临界值。

艾伯塔油砂的命运及其相关的气候问题，似乎都集中到了基石XL输油管项目上，是否建设该项目还在讨论中。基石XL输油管建成后，将实现从艾伯塔到得克萨斯州在墨西哥湾沿岸的炼油厂的连通，成为油砂原油的主要运输通道。10多年来，艾伯塔油砂行业的支持者们认为，油砂是美国非常重要的油料来源，因为它们不受中东等地局势动荡的影响。人们需要做的，就是把油砂从加拿大运到需要它们的地方——美国以及更远的欧洲和亚洲。如果不建设基石XL输油管这样的管线，那么其他管线或者铁路也会扮演类似的角色。但一些专家认为，基石XL输油管对艾伯塔油砂产业的持续发展具有关键作用。

有关基石XL输油管的种种问题都还不明朗，因为美国总统奥巴马在第二次竞选期间把输油管建设的决策推后了。而当问题再次出现时，会有更多事情等待奥巴马总统的决策。

我们能排多少碳

冬季，当我来到艾伯塔北部，冒着刺骨的寒风，俯瞰森科能源公司的油砂矿时，我不禁想，全球变暖一点点可能是件好事。该矿位于广阔寒带森林的一个工业区内，大约在加拿大麦克默里堡以北30千米。麦克默里堡是一个繁华的城镇，房租可以比肩美国曼哈顿，这里的卡车司机一年可以挣10万美元。小镇下面有一条碎石路，我看到路上有一队卡特彼勒797FS卡车，这是世界上最大的卡车，每辆可以装载400吨成团的油砂。（在这里，女驾驶员更受欢迎，因为她们待在车上会比男驾驶员觉得轻松；但女驾驶员却很难找到，因为该镇男性人数是女性的3倍。）卡车在大型电动铲车和约翰逊的分离设施之间来回穿梭，跑一圈耗时40分钟。

卡车把油砂倒入一个紧凑型轿车大小的工业粉碎机里，粉碎机则把油砂传向一条超大型的输送带，这条输送带把油砂送到约翰逊负责看管的分离设施里。一批油砂从上车到分离出沥青仅需30分钟。黑色黏稠的游离沥青冒着泡从分离器顶部溢出来，然后被收集起来，由输油管送到小型炼油厂，在炼油厂进行高温蒸煮，生成类似原油的烃类混合物。另一种做法是，沥青在低矮的巨型储罐里与较轻的烃混合，由此得到的混合物就是所谓的稀释沥青，这种沥青的流动性较好，足以在基石XL输油管那样的长运输管线中流动，一直流向美国的炼油厂。

森科能源公司北斯蒂普班矿只是世界第一批油砂矿里的一小部分，也只是该公司众多油砂矿中的一个——森科能源公司所有油砂矿加起来每天可以生产30多万桶原油。而最近，艾伯塔油砂油每天产量已经接近200万桶，相当于8万多口油井的产量、美国需求量的1/20。这些油砂矿、巨大的有毒废水湖和大块亮黄色的硫形成的矿区，大得足以从太空中看到，就像一块在寒带森林中不断蔓延扩张的工业补丁。

然而，最大的问题可能是这些油砂矿在无形之中对环境造成的影响。要避免温度上升幅度达到2℃这一灾难性气候变暖的临界值，就意味着人类要根据"碳预算"（carbon budget）来克制自己的行为。所谓的"碳预算"，是科学家提出的一个极限值，也就是人类排放的碳总量不能超过1万亿吨。

"碳预算"是牛津大学的物理学家迈尔斯·艾伦（Myles Allen）和另外6位科学家提出的概念。2009年，艾伦小组收集了有关气温升高的观测数据，并把这些数据输入用来模拟未来气候变化的计算机模型。该模型反映的是，二氧化碳在几个世纪里在大气中累积，持续吸热等情况。模拟结果显示，如果要把气温上升幅度保持在临界值之下，那么从现在到2050年，人类排放的碳总量不能超过1万亿吨。我们会以多快的速度达到这个极限并不重要，重要的是不能超过这个极限。现已退休的美国国家航空航天局气候学家詹姆斯·汉森（James E. Hansen）指出："碳排放量的多少才是根本问题，我们以多快速度燃烧化石燃料其实无关紧要。"1988年6月，汉森就曾在美国国会的听证会上证明全球变暖，而最近，他还因抗议基石XL输油管项目而被捕。

碳的来源也不是关键问题。不管是油砂、煤炭、天然气、木头，还是其他任何会产生温室气体的燃料，全球能烧掉的碳燃料的数量是确定的。斯坦福大学卡内基科学研究所全球生态系的气候建模专家肯·卡尔代拉（Ken Calderia）指出："从气候系统的角度看，二氧化碳分子就是二氧化碳分子，它来源于煤炭还是天然气无关紧要。"

艾伦认为，迄今为止，燃烧化石燃料、砍伐森林和其他活动，已经向大气排放了5700亿吨碳；仅仅2000年以来，就有超过2500亿吨的二氧化碳进入大气。现在，人类活动每年大约向大气排放350亿吨二氧化碳（相当于耗费95亿吨碳）。随着全球经济发展，这个数字还在不断增加。根据艾伦的计算方法，按当前排放速度，在2041年夏季某个时候，全球就将向大气排放第1万亿吨碳。因此，为了不突破"碳预算"，从现在起，全球的碳排放量必须每年降低2.5%。

地下油砂矿

艾伯塔油砂其实就是大量埋藏于地下的碳，也就是无数藻类和其他微生物的遗体。数百万年前，这些生物生活在温暖的内陆海，通过光合作用吸收大气中的二氧化碳。采用现在的技术，人们可以从艾伯塔油砂中提取大约1700亿桶油。如果烧掉这些油，会让大气中增加大约250亿吨碳。如果科学家能找到一种方法，把油砂中每一滴沥青都提取出来，石油产量还可以再增加1.63万亿桶。也就是说，如果将油砂中所有的碳燃烧掉，将产生2750亿吨的碳。现在，这些碳还埋在地下，等待着人们去开采。美国明尼苏达州圣托马斯大学的机械工程师约翰·亚伯拉罕（John P. Abrahm）指出："如果我们烧掉所有来自油砂的油，由此引起的温度上升，将会是我们现在已经看到的上升幅度的一半。"也就是说，全球大约会再变暖0.4℃。

露天开采可以获取地下80米以上的油砂，但这些只占油砂总量的20%。在许多地方，油砂位于地下几百米深处。对此，能源公司已经开发出了一种就地提取沥青的方法——就地生产法。

2012年，加拿大森诺伍（Cenovus）能源公司每天在克里斯蒂娜湖提取64,000多桶地下沥青。该基地位于艾伯塔省，以附近水域的名字命名。这里采用的炼油方法是油砂开采的前沿技术之一。现场9台工业锅炉燃烧天然气，把水加热，变成350℃

污染严重的财源

油砂油是如何炼成的

艾伯塔油砂由地球的热量铸就，地心热量让生物遗体变成了厚厚的石油或沥青层。每一滴沥青都包裹着细砂和水，在处理沥青之前必须清除砂和水。典型的油砂矿可能含 73％的砂、12％的沥青、10％的黏土和 5％的水。分离出黏性成分沥青，会产生大量的有毒残留物。

要开采艾伯塔的沥青，首先要用重型机械砍伐寒带森林，剥去森林及其下方的泥炭层，露出油砂层。电动铲车将油砂开采出来，巨型卡车把油砂运往加工厂，炼制成类似常规原油的烃类物质，或者稀释后用输油管运输。

砂粒

水

沥青

注入蒸汽加热沥青，使其上升

加热后的沥青进入生产井

75米

所谓就地生产法，就是把超热蒸汽注入地下 200 米深处，就地熔化沥青，然后通过生产井抽到地面做进一步加工。由此得到的沥青可以进一步提炼，或者稀释后利用输油管进行远程输送。这种方法会比露天开采消耗更多能源，从而排放更多的温室气体。

油砂层

蒸汽

沥青

200米

生产井

的水蒸气。森诺伍公司的工作人员坐在控制室（比森科能源公司的控制室大），把水蒸气注入地下，去熔化沥青。随后，沥青会通过生产井来到地面，工作人员再用输油管把沥青送去其他地方进一步处理。克里斯蒂娜湖基地的负责人格雷格·法甘（Greg Fagnan）把这个综合体系比作巨大的水处理设施，"只不过这里生产的是石油"。偶尔，井喷会让蒸汽和部分熔化的油砂冲入云霄。例如，2010年夏天，德文能源公司由于使用了过大的压力，就发生了类似事故。

在克里斯蒂娜湖基地，工程师们提取出一桶沥青大约要注入两桶蒸汽。由于要使用天然气来加热水以产生蒸汽，因此地下开采油砂产生的温室气体要比露天开采产生的多2.5倍。而露天开采油砂本身，就已经是石油生产中排放温室气体最多的方式之一了。根据加拿大石油生产商协会的数据，仅2009年以来，由于采用地下开采方法进行大规模生产，艾伯塔油砂的开采就使温室气体排放量上升了16%。2012年，艾伯塔地下油砂生产量首次与露天油砂生产量持平。由于克里斯蒂娜湖基地等矿区开展的工作，地下开采将很快就成为主要的生产方式。

然而，地下开采方式只适用于埋藏在地面200米以下的沥青，而露天开采最深只能到达地面以下80米。这就留下了一个120米左右的空白地带——这个深度对露天开采而言太深，对地下开采而言又太浅。到目前为止，工程师还没有想出什么方法来消除这个空白地带，这就意味着，目前要燃烧掉油砂中的所有碳还是不可能的事情。

尽管如此，燃烧掉大部分油砂中的碳，还是会让人类越来越接近全球碳预算的极限。既要燃用油砂，又要保持碳预算收支平衡，唯一的办法就是停止燃烧煤炭和其他化石燃料，或者找到一种方法，大幅度降低油砂开采的温室气体排放量。但这两种办法似乎都不可能实现。加拿大环保团体彭比纳研究所油砂研究负责人珍妮弗·格兰特（Jennifer Grant）认为，油砂开采的"温室气体排放量自1990年以来已经翻了一番，到2020年将再翻一番"。

输油管项目

为了避免突破碳预算，亚伯拉罕、卡尔代拉、汉森和其他15位科学家向美国总统奥巴马写信，强烈要求奥巴马拒绝批准2700千米长的基石XL输油管项目。这些科学家写道，建设输油管（油砂开采的规模会因此扩大）是"违背国家和全球利益"的事。

就在2012年总统大选前，奥巴马推迟批准基石XL输油管项目，并在第二次就职演说和2013年国情咨文演讲中表达了对气候变化的关注。他将在美国国务院发布关于基石XL输油管的最终报告之后做出决策。

美国国务院报告的第一稿低估了基石XL输油管项目对油砂产业命运，以及对环境的影响。报告第一稿说，基石XL输油管项目对温室气体排放"不大可能产生大的影响"。但报告作者似乎假设，即使不建设基石XL输油管项目，加拿大也将找到其他在经济上可行的方式，把油砂油运送到消费者那里。

2013年4月，美国环保局做出了回应，给出了不同的说法。美国环保局环境执法办公室助理主任辛西娅·贾尔斯（Cynthia Giles）认为，美国国务院报告是基于有漏洞的经济学原理来撰写的，并且除此之外还有其他疏漏。根据以往大型环境评估经验，美国环保局认为，基石XL输油管项目的替代方案要么更加昂贵，要么面临强烈反对。换言之，如果没有基石XL输油管项目，就可能制约油砂开发。2013年5月，国际能源机构（International Energy Agency, IEA）在其有关油砂开采的预测中证实了上述分析。

加拿大已经在利用火车向南方运送油砂油了，但这只是权宜之计。按照现在的费率，用铁路运输比输油管运输贵3倍。随着油砂开采量攀升，铁路运输的昂贵费用终将成为油砂产业进一步发展的障碍。

如果基石XL输油管项目失败，那么其他输油管如何？加拿大可以选择向西铺设通到太平洋沿岸的输油管，从而对接开往中国的超级油轮。加拿大还可能将油砂运往东边——通过现有输油管，将它们运输到美国中西部或者大西洋沿岸。然而，这两个方案都有问题。太平洋输油管可行性最差，因为它必须横贯落基山脉，通过不列颠哥伦比亚省印第安人和其他土著民族的土地。而这里的居民因为害怕泄漏和其他影响，已经对铺设输油管提出了反对。大西洋输油管则可能与连接艾伯塔省和北美东海岸的现有输油管拼凑在一起。这样一来，工程师将不得不改变原来原油的输送方向。例如埃克森美孚公司对飞马输油管进行了处理，该输油管现在把原油从美国伊利诺伊州运到得克萨斯州。但是，改造过的旧输油管可能更容易发生泄漏。例如，2013年4月，飞马输油管在美国阿肯色州就发生了油砂油泄漏事件。而且改造现有输油管可能会激起环保主义者和其他人的强烈反对。

根据美国环保局和国际能源机构的报告，由于存在上述障碍，油砂行业要进一步做大，就离不开基石XL输油管项目。目前，艾伯塔油砂油产量达到每天180万桶，而基石XL输油管建成后，每天能多运送83万桶油砂油。

考虑到来自环境方面的反对，艾伯塔省和能源公司已经着力最大限度地减少油砂生产的温室气体排放量。荷兰皇家壳牌公司正在尝试用昂贵的替代方案来从油砂中提取沥青，这种方案要加入氢气，而不是把碳加热变成石油焦（pet coke，渣油加工制得的一种焦炭），从而减少二氧化碳排放量。这个国际石油巨头也已开始制订计划，为一个小型炼油厂增设碳捕获和存储设备，该项目称为"探索"。在2015年项目完成时，该工厂将尝试每年在地下深处存储100万吨二氧化碳，大约相当于工厂二氧化碳排放量的1/3。另一个类似项目计划捕获二氧化碳，用于把更多常规油类从地下压出来。

艾伯塔也是世界上唯一征收碳税的产油地区，目前每吨最多征收15美元碳税，且讨论仍在继续，碳税可能提高。迄今为止，艾伯塔已投入3亿多美元用于技术开发，主要开发油砂二氧化碳的减排技术。2011年，时任艾伯塔省能源部长的罗恩·利柏特（Ron Liepert）告诉本文作者："即使没有什么其他意义，碳税的存在，也能在人们抨击我们的碳足迹时，成为一面挡箭牌。"

这些试图减少油砂碳足迹的工作进一步增加了油砂油的提取成本，却对碳足迹没有多大影响。据加拿大石油生产商协会的数据，2011年，加拿大每天生产180万桶油砂油，排放温室气体4700万吨以上。

2010年，国际能源机构发布了一份分析报告，提出了不突破2℃临界值的应对措施。报告认为，到2035年，艾伯塔油砂油产量每天不能超过330万桶。然而，从艾伯塔省已批准或正在建设的油砂开采项目来看，到2030年，其油砂油产量每天可能达到500万桶。很难想象要怎么做，才能在开采如此大量油砂的情况下，不会突破碳预算的极限。

防止突破极限

单独针对油砂是不是不公平？毕竟，我们燃烧掉的其他化石燃料更多，然而它们却没有惹来那么多骂名。也许，其他化石燃料也应该受到同样的"待遇"。2011年，美国燃煤电厂大约排放20亿吨温室气体——大约是油砂开采、提炼和燃烧所产生温室气体的8倍。世界各地许多煤矿对景观的破坏是显而易见的，对气候变化也带来了更大的遗留问题。然而，美国蒙大拿州和怀俄明州的保德里弗盆地煤矿却没有像基石XL输油管项目那样，成为人们高调抗议的靶子；抗议者没有把这些煤矿和铁轨联系在一起，去阻止那些日复一日地从保德里弗盆地运输煤炭的几千米长的火车队列。美国地质调查局认为，利用现有技术，仅仅这个盆地就可以开采1500亿吨煤炭。如果这些煤炭全部燃烧，世界就将远远超出万亿吨级的碳预算。

澳大利亚计划向亚洲增加煤炭出口，燃烧这些煤炭可能每年向大气增排12亿吨二氧化碳。即使油砂油产量按最乐观的预计增长，与这些煤炭相比，其温室气体排放量也是小巫见大巫。美国和印尼等国家也正在筹划扩张煤炭产业。即使基石XL输油管项目建成，推动油砂大量开发，削减甚至关闭美国煤炭行业也能补偿基石XL输油管项目建成造成的环境问题，并且还能补偿其他环境损失，虽然两种化石燃料用途不同——煤炭用于发电，油砂油用于运输。

作为一个容易受到环境压力影响的国家，加拿大也更容易受到质疑。生产"重油"（heavy oil，原油提取汽油、柴油后的剩余重质油，分子量大、黏度高）的污染类似于油砂沥青，而墨西哥、尼日利亚和委内瑞拉的重油生产者，却没有因为极高的二氧化碳排放量而被审查。事实上，从加利福尼亚州老油田提炼这样的重油，是全世界各种油类提炼（包括油砂）方式中排放二氧化碳污染最多的，没有之一。艾伯塔大学油砂创新中心的化学工程师、科学负责人默里·格雷（Murray Gray）说："如果你认为使用其他石油来源比油砂好得多，那么你就错了。全球煤炭使用量的增加让我更加担心。"

但是，在全球其他任何地方，石油开采的增加速度都没有艾伯塔的油砂开采那么快——过去10年间，油砂油日产量增长了100万桶以上。要想不超过碳预算，世界化石燃料产量必须低于已探明的、可经济开采的石油、天然气和煤炭储量的一半。这意味着许多化石燃料——尤其是油砂油等污染最严重的油——必须继续埋在地下。

经济的推动可能有助于全球环境改善。美国北达科他州利用水力压裂法开采巴肯页岩，由此产出的石油已经在一定程度上减少了美国对加拿大重污染原油的需求。为此，与艾伯塔油砂相关的一些新的基础设施项目——例如投资达120亿美元的樵夫

（Voyageur）小型炼油厂——已经下马。由于美国汽车燃油效率的新标准出台，在这个强制性标准下，油料需求会减少，至少在短期内是如此。但无论如何，油砂始终在那里，等待开采。一旦方便开采的石油耗尽，油砂终会成为诱人的开采目标。

如果批准基石XL输油管项目，或者建设其他输油管把油砂油运到其他国家，其出口可能持续上涨，从而在无形中加速大气中二氧化碳的累积。根据艾伦的计算，为了保持地球不触及升温2℃的临界值，必须从现在开始，努力让二氧化碳排放量每年减少2.5％，否则全球温室气体浓度将持续增加。无论是油砂还是其他来源，来自化石燃料的每一个碳分子都至关重要。

扩展阅读

Warming Caused by Cumulative Carbon Emissions towards the Trillionth Tonne. Myles R. Allen et al. in Nature, Vol. 458, pages 1163–1166; April 30, 2009.

The Alberta Oil Sands and Climate. Neil C. Swart and Andrew J. Weaver in Nature Climate Change, Vol. 2, pages 134–136; February 19, 2012.

The Facts on Oil Sands. Canadian Association of Petroleum Producer s, 2013. Available as a PDF at www.capp. ca/getdoc .aspx?DocId=220513&DT=NTV

从石油到核电：能源成本大比拼

石油越来越难开采，这意味着其价格也会越来越高，未来该投资什么能源的决策将非常关键。

撰文 / 梅森·英曼（Mason Inman）

翻译 / 黄莹

审校 / 廖翠萍

精彩速览

　　从经济性和能量损失的角度来看，非常规燃料远不如常规燃料那么具有吸引力，开采和加工加拿大油砂来生产石油的复杂步骤就为我们提供了一个好例子。油砂的开采主要有露天开采和地下开采两种方式。其中，露天开采需要高能量强度、高成本的工作，包括砍伐、采掘、拖运、粉碎、清洗、加热等，以便从充满油砂的初矿中分离出焦油状的沥青。然后，这些沥青将在原地被炼油装置炼成原油，而这些原油最后将通过管道运走（有时由油轮运输）。地下开采虽然无须把地面上大量的土壤和树木移走，但需要能量来产生蒸汽，以熔化地下的沥青。当然，无论是哪种开采方式，都需要大量的人力。随后，开采出来的原油还将消耗更多的能量，被输送到精炼厂进一步加工成汽油和其他燃料。此外，在油砂开采结束后还需要对矿区进行环境修复，包括水质净化、土地复垦等，这也需要消耗大量的能量。相比之下，常规原油的开采、提取和精炼需要投入的能量少得多。

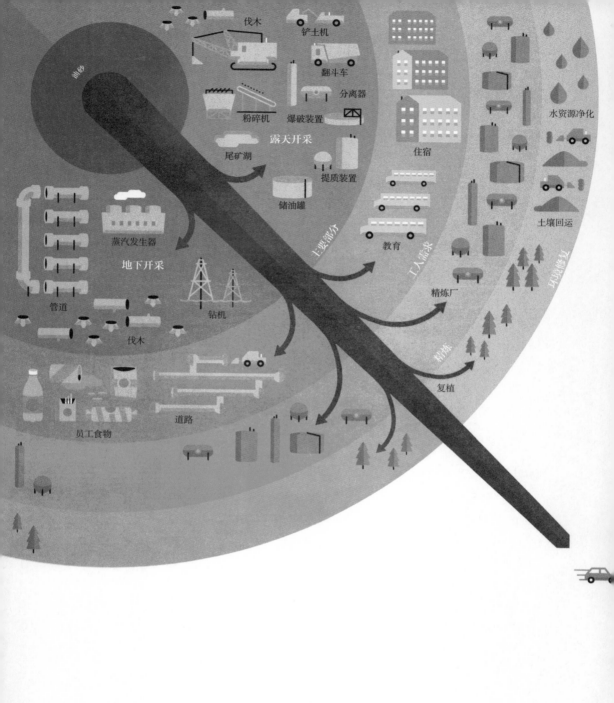

梅森·英曼是美国加利福尼亚州奥克兰市的一位自由撰稿人，目前正在为被誉为"石油峰值理论之父"的美国著名地质学家金·哈伯特（M. King Hubbert）撰写传记。

加拿大是世界上油砂资源最丰富的国家，其油砂项目工程横贯艾伯塔省东北部约600平方千米的范围。时任加拿大总理的斯蒂芬·哈珀（Stephen Harper）称，从沉积物中提取石油是"一项史诗般的伟大事业，可以与修建埃及的金字塔和中国的万里长城相媲美，而且更加宏伟"。

随着石油、天然气等传统化石能源储量日益减少，以及人类对能源需求的持续上升，能源生产企业逐渐将目光转向油砂等更难获取并且更昂贵的非常规资源。以油砂为例，在过去10年内，全球来自油砂的原油产量翻了近3番，到2011年已达到每天160万桶。

我们认为，在全球传统化石能源日益减少的大背景下，对非常规能源资源的开发是非常有必要的。但无论是开采油砂、页岩气，还是对老油田进行蒸汽驱油，开采过程往往伴随着大量的能源消耗。因此，开发哪一种非常规能源更有意义成为目前最为关注的问题。为了方便对比不同燃料资源，纽约州立大学环境科学与林业学院的生态学家查尔斯·哈尔（Charles A. S. Hall）提出了一种名为"能源投资收益率"（energy return on investment, EROI）的通用指标。该指标表示的是，减去用于生产燃料所消耗的能量后，燃料可以提供的净能量，即单位能耗所获得的能量比率。EROI的值越高，经济效益就越好。在后面的内容中，我将通过分析各种燃料资源的投入与产出，来说明它们的能源投资收益率。谈到石油和天然气，哈尔说："不论在哪里，

赢家和输家

廉价能源的衰落

许多专家表示，由于可以廉价开采的高品质化石燃料正在逐渐减少，世界各国开始转向生产成本更高的能源资源。这种情形也可以通过 EROI 反映出来，即消耗单位能量所能获得的能量。从右图可以看出，与其他液体燃料来源相比，常规石油的 EROI 非常有优势，但由于多年来的大规模生产和消费，其 EROI 值有明显下降的趋势。电力同样具有较高的 EROI 值，因此汽车使用电力较为划算。国际能源署执行理事田中伸男（Nobuo Tanaka）曾在 2011 年称："廉价能源时代已一去不复返了。"

石油优势逐步削弱

现代经济运行需要 EROI 值至少为 5 的液体燃料。几十年来，传统石油资源的 EROI 值一直远高于这一阈值，但目前正在急速下降。重油（由较长烃分子组成的高黏度石油）等替代资源的开发需要投入的能量更高，因此 EROI 值较低。但是，大豆生物柴油等替代燃料为未来液体燃料的供给带来了一线希望。

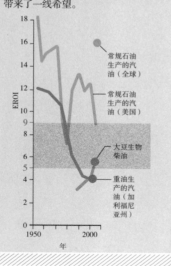

液体燃料：目前原油的能源收益最好

每种原料都必须先从矿藏或植物中提取出来，然后精炼以生产汽油或者其他燃料。每一个步骤都会使EROI值降低。下图的值是近期行业平均值或来自典型设备生产的值。

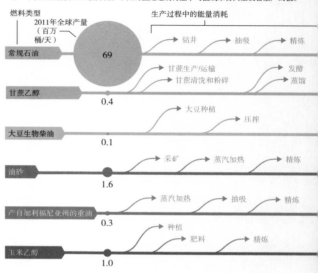

电力：可再生能源与化石能源的竞争

电力资源的EROI值分布较广。EROI计算所采用的数据均为近期行业平均值或来自典型设备生产的值。

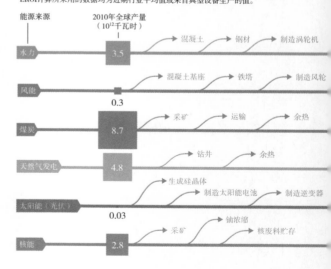

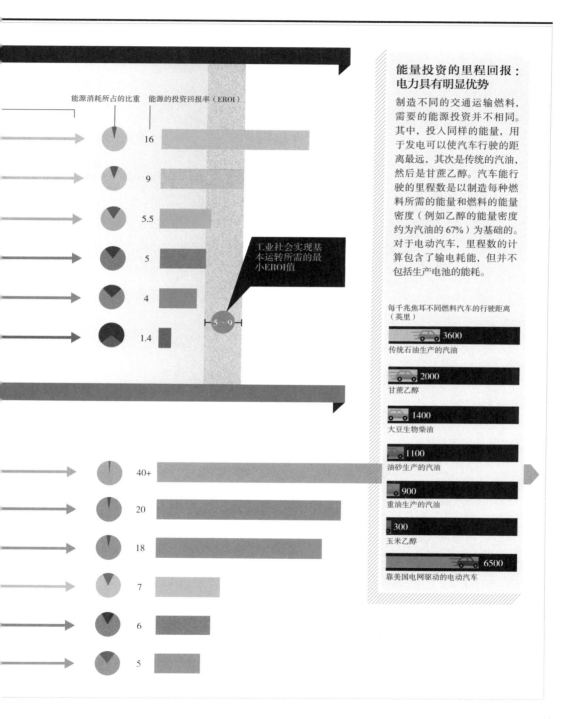

能源消耗所占的比重　能源的投资回报率（EROI）

16

9

5.5

5

4

5~9

1.4

工业社会实现基本运转所需的最小EROI值

40+

20

18

7

6

5

能量投资的里程回报：电力具有明显优势

制造不同的交通运输燃料，需要的能源投资并不相同。其中，投入同样的能量，用于发电可以使汽车行驶的距离最远，其次是传统的汽油，然后是甘蔗乙醇。汽车能行驶的里程数是以制造每种燃料所需的能量和燃料的能量密度（例如乙醇的能量密度约为汽油的67%）为基础的。对于电动汽车，里程数的计算包含了输电耗能，但并不包括生产电池的能耗。

每千兆焦耳不同燃料汽车的行驶距离（英里）

3600
传统石油生产的汽油

2000
甘蔗乙醇

1400
大豆生物柴油

1100
油砂生产的汽油

900
重油生产的汽油

300
玉米乙醇

6500
靠美国电网驱动的电动汽车

能源的投资收益率都在不断减少。"他的模型显示，现代经济所需要液体燃料的EROI值至少为5。随着EROI值的下降，社会将花费大量的金钱用于能源生产，而这些成本会侵占用于教育、卫生保健、娱乐等其他方面的资金。

根据对EROI值的分析，有几种燃料选择对交通运输部门较具吸引力。然而，根据国际能源机构的研究，全球越来越需要低EROI值的燃料，以应对更高的燃料需求量。IEA早已发出警告，称原油价格已处在"危险区域"，并正在威胁经济发展。相对而言，电力行业可获得更为丰富的资源，其EROI值普遍较高。

但是，EROI方法并不能评估某种燃料的所有优缺点；显而易见，这种方法也不涉及温室气体排放的环境成本，或者诸如风能、太阳能的间歇性发电导致的能量供应问题。尽管如此，EROI可以揭示，人们能从某种给定资源得到多少能量。同时，它还可以突显，那些削减污染的努力（例如燃煤电厂的二氧化碳捕获等）将如何显著地改变燃料的可购买性。通过评估能量投入和产出，可以正确地引导能源投资，让其最有效地保持经济繁荣，并且有助于构建一个可持续的未来。

扩展阅读

Revisiting the Limits to Growth after Peak Oil. Charles A. S. Hall and John W. Day in American Scientist, Vol. 97,No. 3, pages 230–237; May-June 2009.
New Studies in EROI (Energy Return on Investment). Edited by Doug Hansen and Charles A. S. Hall. Special Issue of Sustainability, Vol. 3; 2011. www. mdpi.com/journal/sustainability/special_issues/New_Studies_EROI
Energy and the Wealth of Nations. Charles A. S. Hall and Kent A. Klitgaard. Springer, 2012.

"烫手"的可燃冰

甲烷水合物是解决世界能源危机的"妙方"，还是加速全球变暖的"毒药"？

撰文 / 莉萨·马尔戈内利（Lisa Margonelli）

翻译 / 王栋

精彩速览

　　甲烷水合物广泛分布于陆地边缘近海的海床之下，这种规模庞大的冰晶结构束缚着巨量的甲烷气体。它们包含的能量可能比世界上所有已知的石油、煤炭和天然气储量的总和还要多。

　　科学家正在对暴露出海床表面的那部分甲烷水合物进行探测，以确定开采这种气体作为能源的可行性。他们的研究还包括，因海水变暖而受热的甲烷，自发逸出的可能性——因为甲烷是一种甚于二氧化碳的温室气体，而甲烷水合物有可能释放出巨量这种温室气体。

　　另一种风险是，受到地震的扰动时，甲烷水合物可能会迅速膨胀并引发海啸。

人造甲烷水合物
正在空气中燃烧。

莉萨·马尔戈内利是《令人着迷的石油：从油田到油箱——原油的漫长奇异之旅》（*Oil on the Brain: Petroleum's Long, Strange Trip to Your Tank*）一书的作者。目前，她正为《科学美国人》写另一部关于白蚁的书。

2013年8月的一个早晨，美国加利福尼亚州北部外海1812米深处，美国蒙特雷湾水族馆研究所的深海探测机器人"道格利茨号"正在冰冷的海水里巡视着海床。在它下面是一片2000米长、60米宽，表面散布着黄褐色沉积物薄层的长方形堆垛状海床。突然，在机器人携带的水下相机传回的视频画面中，出现了一些看着有点脏却泛着光的雪堆一样的物体。它们看起来就像被铲雪车推到路边的雪堆一样，只是附近多了一些贝类和游动的海鱼。这些散发着柔光的"雪堆"是一种"征兆"，表明这块长方形"雪堆"中蕴藏有甲烷水合物（亦称可燃冰）——用像"牢笼"一般的水冰晶格将甲烷气体分子"囚禁"起来的一种笼状结晶。如果把这样一块"雪球"拿到空气中，它会一点就着。

这些暴露在海床外的少许痕迹，往往只是冰山一角。大多数甲烷水合物都蕴藏在深冷海床下的浅层沉积物中。这些沉积物的总量惊人，而且分布广泛，科学家几乎能在全球任何一片大陆边缘的外海中找到甲烷水合物。根据最新的估计，全世界海底蕴藏的甲烷水合物中包含的碳元素，至

美国加利福尼亚圣莫尼卡外海，机器人的机械臂正将一个激光探头插入冰冻的甲烷水合物堆垛里。

温哥华外海：在"西部飞行者号"科考船上研究人员的操控下，潜水机器人"道格利茨号"下潜到1300米深的海床上研究甲烷水合物。

少相当于地球上煤炭、石油和天然气储量的总和。然而，对甲烷水合物的研究目前还处于初级阶段。

　　蒙特雷湾水族馆研究所的这次科考活动为期11天，目的是探测、研究这个由甲烷水合物和沉积物构成的巨大堆垛状地形。这是一项复杂的工作，需要借助"道格利茨号"这部有机械臂的遥控机器人装备进行。机器人通过线缆同海面上的科考船"西部飞翔者号"相连，来接收控制指令和实时传输图像。在船上狭小的控制室里，大大小小的显示屏共20块。当甲烷水合物的图像出现在这些显示屏上时，蒙特雷湾水族馆研究所的资深科学家、海洋地质学家查利·波尔（Charlie Paull）顿时高兴得合不拢嘴。在场的除了我、波尔和其他一些人，还有来自水族馆研究所和美国地质调查局的十几位科学家。大家坐在拆下来的旧飞机座椅上，甚至还有倒扣过来的塑料桶，把整个控制室挤了个满满当当。此刻，所有人的注意力，以及所有仪器的探测目标，都集中在下面堆垛状地形所蕴藏的秘密上：它是如何形成的？这些甲烷又来自何方？它是从什么时候开始在洋底出现的？10年前？还是已经有100万年了？

168

这个研究团队正在搜寻一些基本信息，以便解决更大的问题。近期的一项地质勘测显示，如果按美国当前的消耗速度计算，仅美国本土48个州沿线海域所蕴藏的甲烷水合物，就可供美国使用2000年。如果能采集哪怕一小部分，甲烷水合物就能发挥巨大作用。2013年3月，日本科考船"地球号"首次从海洋里的甲烷水合物中提取出了天然气。然而，如果持续升温的海洋破坏了这些甲烷水合物的稳定性，从而促使大量甲烷被释放并钻出海面进入大气层，将大大加剧气候恶化，引发气候灾难。20世纪，甲烷对全球变暖的"贡献"是二氧化碳的20倍。那么，甲烷水合物究竟会是下一种主要能源，还是造成巨大环境灾难的凶手呢？波尔等科学家正在寻找答案。

神秘的"甲烷冰"

波尔是一个高个男人，留着花白的大胡子，声音平缓，带有美国罗得岛口音，从20世纪70年代起，他就开始研究水合物。当时，水合物主要被看作石油工业中的有害物质，因为它们的冰晶体会堵塞深海油井中的管道。如果你向波尔提一些关于水合物的问题，他一开始总会告诉你很多事实，只有在最后，谈到他不了解的问题时，他的脸上才会出现一种奇怪的痛苦表情。在他的职业生涯中，人们对甲烷水合物的认识从神秘的新奇事物，逐渐变成了地球碳循环系统的关键环节，而这也让它们变得更加神秘了。波尔说："曾经，每次发现甲烷水合物，都会给大家带来惊喜，但现在问题却变成了——有找不到它们的地方吗？"

实际上，大约有1%的甲烷水合物存在于陆地上，它们储藏在两极地区的永久冻土层中。剩下的大部分都储藏在海洋里，处于至少300米深海水下的低温和高压环境，即所谓的"甲烷水合物稳定区"中。在那里，厚达1000米的巨大沉积层中，遍布着甲烷水合物的晶体"网络"，覆盖超出1000米的沉积层范围。由于地球内部深处的加热作用，甲烷就只能以气体形式存在了。虽然甲烷水合物在不断形成，但它们的形成过程却无法被预测。在某些种类的沙粒之间，它们会以固态形式存在于多孔空间里；而在另外一些环境下，却保持着可流动的气态形式。科学家还不确定，为什么某一特定形态会在某一地点占据主导地位。

弄清甲烷水合物这些难以捉摸的细节特性（比如它们为什么会在气态和固态之间

甲烷水合物

甲烷水合物的全球分布

甲烷水合物存在于世界各地海岸沿线的海床下。虽然研究人员获取的样品大多来自浅海，但他们认为还有更多的甲烷水合物储藏在深海之下。当甲烷气体被束缚在水冰晶格之中（见右图），甲烷水合物就会在海床上的沉积物里形成（见下图）。甲烷气体可由地球深处产生，或来源于以沉积物中有机物质为食的微生物。在某些地区，甲烷水合物团块会在海水中漂浮上升，到达稳定区（虚线标注区域）以上就会释放出甲烷气泡。此外，甲烷水合物还可以在陆地上的永久冻土层中形成。

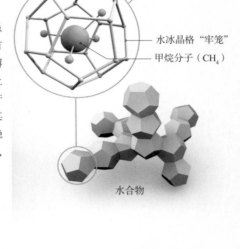

甲烷水合物

水冰晶格"牢笼"

甲烷分子（CH_4）

水合物

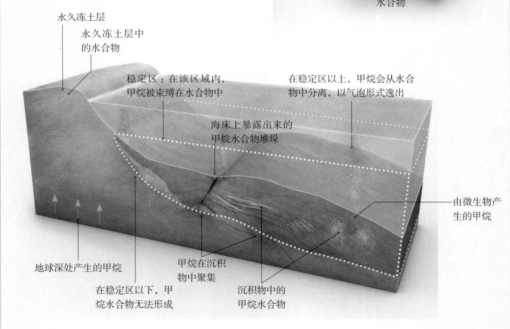

永久冻土层

永久冻土层中的水合物

稳定区：在该区域内，甲烷被束缚在水合物中

在稳定区以上，甲烷会从水合物中分离，以气泡形式逸出

海床上暴露出来的甲烷水合物堆垛

由微生物产生的甲烷

地球深处产生的甲烷

在稳定区以下，甲烷水合物无法形成

甲烷在沉积物中聚集

沉积物中的甲烷水合物

来回转换，以及它们能将甲烷束缚在一个地方多久），是利用好这种能源的关键。要想成功地进行开采实验，解决这些问题是当务之急。"地球号"科考船先钻探进富含甲烷水合物的沉积层，然后将周围的海水抽走，以降低局部压强，从而致使沉积物中

冰冻晶格里的甲烷分离逸出。从那个钻孔中，甲烷气体持续喷了5天半。

在这个规模虽小，竞争却很激烈的甲烷水合物开发竞赛中，日本暂时占据了领先地位。2013年，日本对此项研究的投资高达1.2亿美元。2010年，美国投入了2000万美元，但到了2013年，这一数目却降到了区区500万美元。德国、中国大陆和台湾地区、韩国、印度都上马了小型研究项目，壳牌公司和挪威国家石油公司等石油巨头也参与其中。

虽然这些国家和地区对甲烷水合物投入的数额也算巨大，但全球石油工业仅2011年在研发上的投入就有数十亿美元。与后者相比，前者的规模还是相形见绌。

对于深陷福岛核泄漏烂摊子、苦于四处寻找进口能源的日本来说，开采外海储量巨大的甲烷显得十分诱人。美国虽然同样坐拥巨大的储量，但对甲烷水合物开发的兴趣却较低，因为美国的能源市场已是页岩天然气的天下。与页岩天然气相比，开采甲烷水合物的成本显得非常高昂。加拿大的甲烷水合物储量也十分丰富，不过出于类似考虑，它于2013年也中止了相关研究项目。

在甲烷水合物的开采中，如果说哪项技术算是"杀手级"技术的话，那必然是这样的一套系统：可以稳定甲烷水合物的化学结构，隔离开采过程中释放的温室气体，并输出作为燃料的甲烷。2012年，一个由美国地质调查局、美国能源部、康菲石油公司、日本和挪威的科学家组成的研究团队，曾试着开发这种系统。他们将一种由二氧化碳和氮气（用于防止结冰）组成的混合气体，泵入美国阿拉斯加州北坡油田永久冻土层中的一块甲烷水合物。他们的思路是，二氧化碳会将甲烷挤出，占据甲烷原先的位置并被束缚在冰晶格中，这样水合物结构就不会被破坏。

随后，甲烷从一个钻孔中逸出，持续了一个月时间。不过直到最后，研究人员也无法确定，二氧化碳是否成功地取代了甲烷的位置。

美国能源部下属的国家能源技术实验室水合物技术主管雷·博斯韦尔（Ray Boswell）说："人们的想法很简单，但大自然总是更复杂。"他补充道，"这次实验得到的数据显示，就像有一个内部结构极其复杂的'黑箱'一样埋在地下。"虽然这次实验比较成功，但康菲石油公司随后还是解散了相关研究团队，所以美国能源部正在寻找新的业界伙伴来继续该项实验。

对波尔来说，这项实验还显示出，科学家对甲烷水合物性质的了解还很有限。2010年，在他的领导下，美国国家科学院的一个委员会审查了美国能源部关于甲烷水合物的研究工作。该委员会的最终结论是：虽然工程师有可能攻克从甲烷水合物中提取燃料的技术难题，但对于是否应该继续该项研究，只有解决了众多科学、环境和工程学问题后，才能做出合理的决策。与石油沉积物不同，甲烷水合物本身不稳定，勘探起来也很困难。并且，我们还不了解它们对周围环境的影响。波尔说："我们现在还不清楚，利用对环境无害的方式来开采甲烷水合物会有怎样的影响。"

更多的谜团

了解甲烷水合物多变难测的特性，是确定它们能否被可靠开采，以及它们是否会加速全球变暖进程的基础。

例如，仅仅碰触一下甲烷水合物，就可能让它们从固态转变成气态，导致实验失败。因此，波尔告诫"西部飞行者号"上的研究人员，在整个下潜过程中，都要避免碰触到那些冰状突起物。当潜水机器人从昏暗、微绿的海床上方游过时，堆垛像一个巨大的气泡一样开始逐渐升高。堆垛的表面上，到处都是一些小"疤痕"，就像被微小的陨石撞击过一样。波尔怀疑，这些"疤痕"就是小块甲烷水合物破裂的地方，是由鱼儿游动等外力引起的微弱压力变化造成的。无论在海底什么地方，只要有沉积物，都能看到像雪一样的、松脆的甲烷水合物小块由气泡牵着向上浮，就像一个个小"彗星"一样被它们的尾巴拽着，朝海面"飞"去。

在稳定区里，到处都有甲烷水合物在不断分解和形成。在一次下潜过程中，"道格利茨号"上的声呐发现，有一列气泡正从堆垛上逸出。波尔非常感兴趣，他想知道这些气体是产生于地壳深处的热源（类似于天然气和石油产生的地方），还是沉积物中吞噬小块有机物的微生物群落。实际上，所有沉积物中都包含生物成因的气体，其中一些还含有热成因的气体。研究这种混合气体，有助于确定堆垛是如何形成的，以及它下面蕴藏着什么。波尔指示操控员，让潜水机器人下降到产生气泡的源头——一个又暗又脏的裂口，旁边围满了以一些能进行化合作用（吸收甲烷并转化为能量的过程）的细菌为食的贝类动物。

"道格利茨号"在海床上一着地，相机就立即发现有一只螃蟹蹲在气泡附近，气势汹汹地想用钳子把不断涌出的气泡送入自己口中。因为那里的水温只有2℃，而且压强大得惊人，气体很快就会形成小的晶体结构，所以那只螃蟹的"嘴"的四周仿佛长出了一圈滑稽的白胡子，它的"气泡大餐"最终也只落得一场空。随船的一位生物学家介绍说，经常可以发现螃蟹试图吞食甲烷气泡，即便这些可怜的小家伙似乎并不能从中获取任何营养成分。

为了避免遭受与螃蟹们同样的"不幸"，在通向机器人操控的样品采集瓶的漏斗上，工程师装上了加热器。即便如此，在接下来的几天里，研究人员还是需要进行数次下潜，以获得足够的样品研究热成因及生物成因气体的混合物。

波尔还希望弄清楚这块堆垛的年龄，从而了解它的形成速度。操控员将"道格利茨号"降落到堆垛地形的边缘，并操纵它的机械臂，将特殊设计的采集管插入堆垛，以获取垛心样品。在一些地方，机器人很轻易地就能将采集管插入冰冷的、淤泥状的沉积物中；而在另一些地方，采集管则会被水冰或其他坚硬物质（例如碳酸钙）卡住。

这次科考期间，机器人的LED照明灯下还出现过奇异的宝蓝色泡泡。当时，坐在控制室里的美国地质调查局地质学家托马斯·劳伦森（Thomas Lorenson）认为，这些泡泡可能是石油。海底油田和气田经常会发生自然泄漏，美国国家科学院于2003年发表的一项研究估计，全世界每年约有6.8亿升石油渗入到海水中。这样的渗漏，给大群贝类、蠕虫类和其他生命体提供了能源。这也说明，如果要开采甲烷水合物，确保对环境安全无害是非常困难的。

"道格利茨号"采集到垛心样品后，研究人员又花了一个小时才将这台机器人连同它的"战利品"一并回收到科考船上。在机器人进入船舱滑动气密门的瞬间，一股浓烈的石油和臭鸡蛋气味迎面而来。研究人员将其中一些样品放进冰柜保存，留待以后进一步分析；剩下的，研究人员在船上就开始着手处理了。淤泥般的钻芯看起来就像捣糊的巧克力面包，还有大量气体逸出，嘶嘶作响。

波尔和同事迅速开工。他们从较小的钻芯开始，把沉积物放入托盘，一厘米一厘米地测量，确定它是何时沉积形成的。在我面前的这块污泥里面，仿佛正在举办一场微生物的狂野派对——这块冰冷的沉积物含有数千种微生物，有的可以生成甲烷，有的以甲烷为食，还有的正在进行硫和氧分子的交换。虽然由甲烷水合物构成的网状结构可能规模宏大，但其实它们不过是海底沉积物和上方海水之间的"甲烷中转站"。劳伦森将这一空间比作"机场候机厅"，每个甲烷分子都在那里等待自己"起飞"的时刻。

美国赖斯大学的地球科学家杰拉尔德·迪肯斯（Gerald Dickens）认为，从全球的视角看，甲烷水合物就像一种巨大的"电容器"，收集并容纳那些从海底上浮进入的沉积物，或者在沉积物中生成的甲烷（类比于电荷），并束缚住它们，然后再逐渐将其释放进海水，最终有可能进入大气层。而我们还不清楚的是，这种"电容器"的作用时间有多长——甲烷会在这个"候机厅"里等多久，是700万年，还是迅速释放？如果是后一种情况，全球变暖无疑会更加严重。

更不确定的是，在海底的这个"电容器"里，究竟装有多少处于可开采状态的甲烷水合物？2011年，在参阅了大量研究论文后，迪肯斯得到了一个估值：相当于1700亿吨到12.7万亿吨的碳。这个范围太宽，不确定性巨大。若依据估值的上限，则全球甲烷水合物中蕴藏的碳元素，将是其他所有已探明的化石燃料储量总和的3倍以上，后者通常的估值为4万亿吨。

福音还是灾难

就像真正的电容器一样，甲烷水合物还有一次性释放出巨量甲烷（相当于电容器放电）的可能。这种先前未预料到的风险，引起了能源和气候研究人员的忧虑。因为甲烷水合物的浮力很强，它们在受到扰动时很危险。若将1立方米的甲烷水合物放到常温常压环境下，它就会膨胀成为164立方米的甲烷气体和0.8立方米的水。若甲烷水合物受到地震扰动，这种急速膨胀会触发海底滑坡，还可能引起海啸。这样的多米诺骨牌效应，被认为是8100年前发生在挪威外海的那次"大断崖滑坡"的元凶，当时产生的巨浪袭卷如今英国所在的那片地区；还有1998年的锡萨诺海啸，当时在巴布亚新几内亚夺走了2000多人的生命。

对于尝试开采甲烷水合物的研究人员来说，防止这类地质灾害的发生将是一个大难题。传统的石油天然气开采，都是通过钻进由岩石封闭的地下储层来采集流体。但水合物中的甲烷是包含在固体中的，必须相变至气态才能开采出来，而这样的话就会扰动整个结构。

一个更值得深思的问题是，甲烷自发分离出来以后会去什么地方。如果它最终进入大气层而不是被海水吸收，就有可能对气候造成显著影响。我曾经有机会观察过一块甲烷水合物在海水中上浮的过程。那一次，潜水机器人在1800米的深海、有甲烷水合物暴露的地方采集了一块甜瓜大小的水合物冰晶

日本科考船"地球"号准备对太平洋1000米深处的沉积物中的甲烷水合物进行钻探。

样品，试图把这块总想向上浮去的东西装进网袋里。用另外一个目击者的话说，这段手忙脚乱的"舞蹈"就像是一场"反重力篮球赛"。我在控制室里观察，这个"篮球"在深水中基本上是完整无缺的。但随着机器人浮到稳定区之上，越来越多的气体开始逸出，网袋也被一层美丽的、薄雾般的气泡包裹。当机器人最终浮到海面上时，甲烷水合物就只剩几汤匙那么大了。

在甲板上，劳伦森迅速将正在消失的水合物样品投进液态氮中保存，留作以后测试所用。他还试着点着了一小块，并递给我一小片让我尝尝味道。你能想象出品尝油气口味儿的、还在嘴里嘶嘶冒泡的雪糕的感觉吗？虽然让人反胃，不过回味还不错，有一种类似薄荷的香味儿。

这段狂野的上浮之旅，能为研究人员提供线索，让他们了解有多少甲烷会逸出到大气中。蒙特雷湾研究所的海洋化学家彼得·布鲁尔（Peter Brewer）使用x射线断层摄

影对上浮的甲烷水合物进行研究。结果发现，水合物从里到外都在"分崩离析"。另一个实验显示，随着水合物的上浮，产生的气泡像一层"皮肤"似的包裹在外面，就像周身嘶嘶冒泡、向外膨胀的乒乓球一样。布鲁尔说，弄清甲烷从水合物中分离时发生的物理和化学变化，将有助于研究人员确定分离过程会在海水中多深的地方发生；海洋微生物如何以水合物为食；一般情况下会有多少水合物（如果有的话）能一路上浮到海面；以及大约有多少甲烷会进入大气层中。

开启"魔瓶"？

了解这些知识，可以平息一场已经持续了10多年的激烈论战：海水温度上升是否会触发大规模的甲烷释放，以及这种释放的规模是否会超过海洋吸收甲烷的能力。早先有一个所谓的"笼炮理论"认为，甲烷水合物以一种"生成—聚集—大规模释放"的模式周而复始地存在，循环的周期长达几千甚至几万年。虽然这种周期性的循环模式无法通过化石记录得到证实，但在地球历史上，水合物中甲烷的一次大规模释放，有可能导致了5500万年前"极热时代"的出现——那时，地球温度的上升速度非常快。

与之相对，美国芝加哥大学的戴维·阿彻（David Archer）认为，水合物会在上千年里持续释放甲烷，导致全球气候的变暖模式发生巨大变化——不断上升的温度会导致一些甲烷水合物被氧化成二氧化碳，从而在一定程度上延缓气候变暖的趋势。

那些封闭在大陆极地地区永久冻土层下，以及靠近陆地浅海水下的水合物，可能更是迫在眉睫的威胁。2013年11月，由美国阿拉斯加大学费尔班克斯分校的纳塔利娅·沙克霍娃（Natalia Shakhova）带领的一个研究组估计，东西伯利亚的北极大陆架目前每年会向大气中排放1700万吨甲烷——是先前估计值的2倍。在那仅有50米深的海水中，沙克霍娃发现大量的甲烷气泡正从被冻土层覆盖的甲烷水合物沉积物中逃逸出来。在那个地区，风暴天气非常频繁，所以这些气泡很可能会被直接卷入大气中。在进行更多研究之前，没人知道这种动态过程是否在整个极地地区发生，我们甚至不清楚这些甲烷的主要来源是水合物还是冻土层。这是我们对甲烷水合物的认识的另一个"黑箱"。

随着分析工作的进行，另一个谜团也逐渐浮现了出来。我在船上的最后一天，波尔一直都在"西部飞行者号"的水下实验室里捣鼓那些小块样品。而那些较长的冰冻钻芯正在由美国地质调查局的研究人员分析，还要晚些才能得到结果。波尔觉得，我们看到的堆垛上的沉积物很可能是近期才形成的。通过扫描寻找双对氯苯基三氯乙烷的微量痕迹，他就能确定这一点，因为这种杀虫剂直到1945年之后才出现。然而，沉积物向上涌起并在海床上鼓出的事实，表明它们聚集形成的时间应该超过了1万年——虽然以地质学时间尺度来看仍然比较年轻。

那些由劳伦森送到美国科罗拉多矿业大学的冰冻水合物碎片也在进行分析。结果表明，这块堆垛不仅自身包含甲烷，它下面还封压着一系列的甲烷"仓库"。科罗拉多的研究人员在样品中发现了多种碳同位素——表明这些甲烷水合物来自两个不同的深层热源，同时还包括两种来自微生物的甲烷气体。

这种模式意味着，甲烷气体是从地壳深处的一个先前未知的热源里向上流动，中间同来自另一个较浅热源的甲烷气体混合，辗转继续向上穿过沉积物，再同那里的生物源甲烷气体（包括微生物将轻质原油转化成的甲烷）汇合。劳伦森对此感到非常惊奇："这显示了（石油、天然气）运动的复杂性。对地壳深处（反应过程中）的那些主要'参与者'，我们都还不怎么了解。"

在对一个堆垛地形的探测过程中，潜水机器人无意中发现了一个更庞大的地下世界。我们研究的这个堆垛只不过是一个小"瓶塞"，在它底下则是蕴藏着巨量甲烷和石油的巨大"魔瓶"。看来，对甲烷水合物的认识不仅仅是"能源福音还是气候灾难"这么简单的问题。它带给我们的是一个更深层次的谜题，包括全球范围内的水合物系统是如何演化发展的，以及这种演化的发生是在怎样的时间尺度上进行的。所以，我们需要加大对基础地球科学研究的投入，这样科学家才有可能搞清楚，这种神秘物质是如何将来自地球远古生命的碳，同这个星球的未来联系起来的。

扩展阅读

Methane Hydrates and Contemporary Climate Change. Carolyn D. Ruppel in Nature Education Knowledge, Vol. 3, No. 10, Article No. 29; 2013.
  A blog about the methane expedition described in this article: www.mbari.org/expeditions/Northern13/Leg1/index_L1.htm

新能源
尚未启航

全球能源向可再生能源体系转型的过程，
可能比我们想象的要漫长得多。

撰文 / 瓦茨拉夫·斯米尔（Vaclav Smil）

翻译 / 王兰体

审校 / 蔡国田

━━━━━┤ 精彩速览 ├━━━━━

　　全球主要能源的转型，即从木柴到煤炭再到石油，分别花了50～60年。目前，全球主要能源正向天然气转型，这一过程也需要很长一段时间。

　　毋庸置疑，向可再生能源转型的过程也将是漫长的。在发达国家，传统的可再生能源（如水电）的发展已达到饱和。所以，未来可再生能源的增长将不得不来自一些新型可再生能源（如风能、太阳能和生物燃料）。而在2011年，这一部分能源在美国能源供应总量中的比重只有3.35%。

　　本文作者认为，政府可以制定一些政策，加速可再生能源发展的步伐，这些措施包括大范围资助新能源研究、废除不必要的补贴、确保能源价格能反映其对环境和人类健康的影响、提高全球能源利用效率等。

瓦茨拉夫·斯米尔是加拿大马尼托巴大学名誉教授，在能源与环境领域的著作超过30本。

"可再生能源将以不可阻挡之势席卷全球。"1976年，著名的新能源倡议者艾默里·洛文斯（Amory Lovins）曾这样断言。洛文斯当时预测，到2000年，美国能源中的33%将由众多小规模、分布式的可再生能源提供。几十年后，也就是2008年7月，美国环境学家阿尔·戈尔（Al Gore，曾任美国副总统）表示："10年内用新能源完全改造整个美国的电力供应系统，是可实现的、经济的、值得的。"2009年11月，马克·雅各布森（Mark Jacobson）和马克·德卢基（Mark Delucchi）在《科学美国人》上发表了一篇名为《2030开启新能源时代》（参见《环球科学》2009年第12期）的文章，他们在文章中提出了一个计划，认为在20年内，就可将现有的能源供应完全转换为可再生能源。

然而，1990～2012年，化石燃料在全球能源消耗中的占比几乎没有变化，仅从88%降到了87%。2011年，美国可再生能源在能源供应中占比不到10%，而且大部分来自"传统"的可再生能源，如水力发电、燃烧伐木过程产生的木材废料。虽然美国政府为新能源的研发提供了20多年的高额补贴，但目前，风能、太阳能、现代生物燃料（如玉米乙醇）等新型可再生能源在美国的能源供应中只占3.35%。

其实，能源供应体系转型的步伐缓慢不足为奇，这是预料之中的。在美国乃至全世界，每一次大规模地从一种主要能源过渡到另一种能源，都花了50～60年的时间——第一次转变是从木柴时代到煤炭时代；第二次是从煤炭到石油的演变。而现在，世界正在经历第三次主要能源转换，即从煤炭和石油转到天然气。2001~2012年间，美国的煤炭消费量下降了20%，原油消费量下降了7%；与此同时，天然气消费量上升了14%。虽然天然气储量丰富、廉价、相对环保，但目前美国的电力供应中仍有1/3来自煤炭发电，估计至少还需要20年左右的时间，天然气的消费量才会超过煤炭。

目前，可再生能源并没有呈现出替代性能源应有的上升趋势，而且从当前的科技水平和政府投入来看，近期内也不会有较大发展。其中的部分原因是，全球能源需求持续猛增，天然气很难跟上这种快速上升的步伐，更不用说可再生能源了。

在个别国家，可再生能源的转型或许能较快发展，但在全球范围内，这一进程将非常缓慢，特别是当前我们还在向天然气为主的能源结构转变。当然，重大技术突破或革命性的政策可以加快这一变化的进程，但通常来说，能源结构转型都会经历漫长的过程。

从木柴、煤炭到石油

为什么人们对可再生能源时代即将到来深信不疑？这可能是源于一些不切实际的想法，以及对近代能源发展史的误解。对于世界能源的消费模式，大多数人的印象是，在19世纪工业革命时期是以煤炭为主；20世纪则是石油时代；而我们当前的世纪将属于新能源。但实际情况是：前两个印象是错误的，最后一个则仍值得怀疑。

19世纪，工业迅速崛起，但煤炭并非当时主要的能源供应来源，而更多依赖的是木柴、木炭和农作物残体（主要是谷物秸秆），它们在全球能源消费比例中占85%——当时的全球能源消费总量大约为2.4尧焦（1尧焦=10^{24}焦耳）。1840年，煤炭在全球能源消费中的比例达到了5%，但直到1900年，这一比例也不过50%——煤炭的比重从5%增加到50%，花了50~60年的时间。美国的统计数据显示，1885年，美国能源消费中化石燃料（大部分是煤炭，还有一部分原油和少量的天然气）的比重，首次超过了木柴和木炭。这一转折点发生的时间，在法国是1875年，在日本是1901年，在苏联是1930年，在中国是1965年，而在印度则是20世纪70年代末。

同样，20世纪最大的能源供应不是来自石油，而是煤炭。20世纪初，烟煤和褐煤在全球燃料消耗中所占比重最高，达55％左右。直到1964年，早已投入使用的原油才第一次在能源占比中超过煤炭。

尽管在全球能源需求量稳步增加的大背景下，煤炭的重要性有所下降，但毫无疑问，20世纪的主导能源是煤炭而非原油：在能源消耗总量中，煤炭贡献了大概5.3尧焦，而石油只有4尧焦。仅有两大经济体完成了第三次化石能源的转换——在1984年的

转型之路

能源转型路漫漫

任何一种能源从初露端倪，到在能源供应中的比重达到最大，成为全球能源消费中的主力军，都需要50~60年的时间。1840年，煤炭在全球能源供应中的比重首次达到5％（见左下图），然后渐渐地取代了木柴，大约在60年后的1900年，其在全球能源供应中比重上升至50％。此后，石油和天然气的转型之路也遵循了类似的模式（见图中纵轴），它们在能源消耗中的比重首次达到5％后，保持着稳步上升的态势。目前，石油的比重尚未达到并且有可能永远不会达到50％。天然气仍处于增长的中期阶段，上升过程将需要更长的时间。而所谓的现代可再生能源（包括风能、太阳能、地热能和液体生物燃料），目前在全球能源供应中的比重仅占3.4％左右。除非有颠覆性的技术或革命性的政策来加快这一变化，否则，它们的转型之路也注定会很漫长。

"能源上升率曲线"图

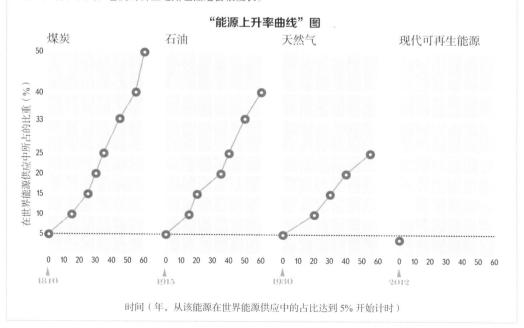

时间（年，从该能源在世界能源供应中的占比达到5％开始计时）

苏联和1999年的英国，天然气消耗量首次超过原油。

能源转型是一个长期渐进的过程，这一点可以从"能源上升率曲线"得到证实——根据这一曲线，我们可以从一种能源在消费总量中的比重达到5％开始，观察它何时占据主导地位。

此前的三次能源结构转型曲线，有着惊人的相似之处。1840年前后，煤炭（取代木柴）占全球能源市场的5％，1855年占10％，1865年占15％，1870年占20％，1875年占25％，1885年占33％，1895年占45％，到1900年上升至50％。从比重达到5％开始计时，到达每一个关键百分点的时间分别用了15、25、30、35、45、55和60年。1915年，石油在消耗总量中的比重首次达5％，石油取代煤炭的时间也与煤炭取代木柴类似。大约在1930年，天然气在全球燃料份额中达到5％。从那时算起，它达到供应比重的10％、15％、20％和25％的时间分别花了20年、30年、40年和55年，现在这一比重将达到33％。比较这些数字，我们会发现，天然气占据能源总份额从5％升到25％，花的时间较长，大约是55年。相比之下煤炭只花了35年，石油是40年。

当然，仅仅靠这三组数字，并不能确定未来能源转换的发展速度。如果能提高核能的安全性，或能经济高效地储存风能和太阳能，下一次能源转换的进程就会加快。但对两个多世纪以来，三次能源转型高度一致的步调进行分析，也非常有意义。不同的燃料需要与之配套的生产技术、输送线路，以及可将其转化为有效能源的设备（比如火车的柴油发动机、家用炉具）。要想在全球范围内采用一种新能源，必须投入巨资，建设配套的基础设施，这需要2～3代人才能完成，即50～70年。

可再生能源时代的门槛

因此，可再生能源技术的发展也会是一个缓慢的过程。2011年，可再生能源发电量占美国能源消费总量的9.39％：也就是说，97.301万亿BTU（英制热量单位，1BTU≈1054焦）的消费总量中，有9.136万亿BTU由可再生能源提供。其中，传统可再生能源提供了6.01％：水力发电占3.25％、木柴燃烧（主要是伐木过程中产生的废料）占2.04%，以及少量的生物质能和地热能。相比之下，新型可再生能源的比重仍然微不足道：液体生物燃料占2.0%、风电占1.19%、太阳能占0.16%。

新型可再生能源所占比重为3.35%，这是一个很重要的数字。未来，美国几乎所有可再生能源供应的增长，都将来自这些新型可再生能源。因为传统的可再生能源，尤其是水电，增长的潜力已经非常有限。

出于几个原因，向可再生能源的过渡面临着非常大的挑战。第一是规模。2012年，全球化石燃料使用量约为450艾焦（1艾焦=10^{18}焦耳），是19世纪90年代（那时煤炭刚刚取代木柴）的20倍。想通过任何一种新能源，来产生这么多能量，都是十分困难的，对能源消耗接近全球1/5的美国来说更是如此。

另一个因素是风能和太阳能的不稳定性。现代社会需要可靠、不间断的电力供应，特别是在大城市，空调、地铁、互联网等基础设施需要用电，夜间的电力需求越来越大。煤炭和核电厂提供了美国电力供应的"基本负荷"——这部分电力是全天候稳定供应的。水电和燃气电厂，由于可以快速地启动和关闭，通常用来提供额外的电力，以缓解某些时段出现的暂时性用电高峰。

风能和太阳能也可以提供一些基本负荷，但它们不能单独作为所有的基本负荷的来源。因为风不会持续吹来，太阳能也无法在夜间获得，所以对这类能源供应不可能做出可靠的预测。在一些国家，例如德国，可再生能源的使用已经有了大幅增长。在晴朗有风的日子里，风能和太阳能的发电量，可以从几乎可以忽略不计的比例增长到全部能耗需求的一半。不过，电力供应上的巨大波动，需要其他类型的电厂（通常是煤炭或天然气电厂）作为后备，或者增加电力进口。在德国，电力供应上的不稳定会严重干扰一些邻国的电力供应。

如果电力公司能在用电低谷期，以一种经济的方式储存由风能和太阳能产生的多余电量，并能在用电高峰时将其取出以满足需求，新型可再生能源的发展将有望提速。不幸的是，数十年来，研究人员只得到了一个较好的大规模解决方案——把水抽到高位水库，在水流回时通过水轮机发电。但只有少数地方拥有这样的海拔高度变化和足够的空间来实施该方案，而且该过程也会损失能量。

另一种可供选择的解决方案是，在一大片区域上，建立一个大型阵列式风能和太阳能发电厂——最好覆盖一个国家的主要地区或者半个大陆，然后通过电网相互连接，最大限度地提高发电厂为电网传输电力的能力。虽然这个方案所需的长距离电力传输在技术上是可行的，但其造价昂贵，并且经常面临当地人的强烈反对。所以美国和德国在推进这一新技术时步伐缓慢，也就不足为奇了。

要实现可再生能源的大规模利用，需要从根本上重建我们的能源基础设施。对电力系统来说，需要将数量少、规模大的火电或水电供应模式，转换为数量多、分散的小型风能和太阳能体系；对液体燃料来说，提取对象需要从高能量密度的石油，转换为低能量密度的生物燃料。相比之前的煤炭到石油再到天然气，可再生能源的转型在很多方面的要求都更为苛刻。

最后一个导致转型需要较长时间的因素是现存能源基础设施的规模和成本。即使我们可以得到完全免费的可再生能源，但对跨国公司或当地政府而言，废弃花费巨资建立起来的、总价值超过20万亿美元的化石燃料系统（包括煤矿、油井、天然气管道、炼油厂以及数以百计的加油站），在经济上是难以接受的。据我统计，仅中国就在2001～2010年花了5000亿美元，增加了300吉瓦（1吉瓦=10亿瓦特）的燃煤发电装机容量——这一容量超过了德国、法国、英国、意大利和西班牙的装机容量总和，预计会运行至少30年。没有国家会无视这类投资。

长路漫漫

我想澄清的一点是，减少对化石燃料的依赖，不仅可以减少温室气体的排放，还可以避免许多其他环境问题的出现。比如，化石燃料燃烧过程中排放的硫氧化物、氮氧化物，会导致酸雨和光化学烟雾；炭黑[1]会加剧全球变暖；重金属则有害人体健康。另外，化石燃料还会引起水污染，造成土地贫瘠。虽然一些替代能源也会对环境造成严重影响，但从总体来看，向非化石能源转型仍是利大于弊。

问题的关键在于，如何才能高效地完成新一轮能源转型？如果人们都知道转型的

---

[1] 炭黑：煤、石油、生物质等不完全燃烧后所形成的细小颗粒。

过程会花上数十年时间，那么在制定各种政策时，思路就会更加清晰。目前，美国和其他国家出台的一系列能源与环境保护政策都令人失望。我们需要立足现实，制定长期、有效的政策，而不是不切实际地去追求一些短期效应，草率地做出一些考虑不周的简单承诺。

一个有效的方法是，不要过早判断哪种新能源可以替代化石能源。任何国家都无法预见，那些看起来很有前景的新能源，哪些最终能够上市。因此，作为政府决策者，他们不应该很早就对一种新能源下定论，然而当另一种看起来更有前景的新能源技术出现后，又迅速抛弃前一种——还记得依靠氢运行的快中子增殖反应堆和燃料电池车吗？最好的做法应该是广撒网，把资金投入

数据

中国新能源

数据：2010 年

中国太阳能热水器年产量达到 3000 万平方米（按太阳能电池板面积计算），总保有量达到 1.5 亿平方米，可替代 2250 万吨标准煤或 760 亿千瓦时电力，占社会总能耗的 1%。

全国沼气发电容量为 80 万千瓦，垃圾焚烧发电装机达到 50 万千瓦。全国有 7 家万吨级生物柴油生产企业，生物柴油年产量超过 100 万吨。

2009 年，除台湾地区，中国风电装机容量达 2580.5 万千瓦，全球排名上升到第 2 位。2010 年，新增风电装机容量达 1892 万千瓦。

目标：2020 年

全国沼气发电容量将达到 150 万千瓦；垃圾焚烧发电总装机将达到 200 万千瓦以上；到 2020 年，生物柴油年产量将达到 900 万吨。

风电将成为火电、水电之后的第三大常规电力来源，至少达到装机容量 7000 万千瓦，积极创造条件实现 1 亿千瓦，占届时发电装机容量的 10%。

核电占电力总装机容量的比例将达到 8% 以上，核电装机容量至少达到 7000 万千瓦。

数据来源：《中国节能减排产业发展报告》、国家"十二五"规划

到各种研究中——1980年时，谁能想到，30年后，美国政府在能源创新领域中，投资回报率最高的项目不是核反应堆或光伏电池，而是水平钻井和页岩气水力压裂。

政府也不应该向一些跟风的新能源厂商提供大量补贴或贷款担保。一个典型的例子是，太阳能光伏系统制造商Solyndra公司，在突然宣布破产前曾获得美国政府5.35亿美元的贷款担保。虽然政府补贴可以加快能源转型，但前提是，这些补贴政策必须基于对现实情况的评估。另外，提供补贴的同时，也需要厂商做出一些可靠的承诺，而不是被各种夸大的"解决方案"所迷惑。

　　同时，各种能源应该尽可能反映实际成本，包括从当前和长远看这种能源的生产对环境的影响和对人们身体健康的损害。比如，化石燃料燃烧会释放温室气体、炭黑；种植玉米提取乙醇，会引起土地侵蚀、氮素流失和水资源枯竭；建设风力和太阳能发电项目，还需要建设配套的高压超级电网。只有进行全面评估，才能揭示各种能源的长期发展优势。

　　加快能源转型最重要的途径就是，降低能源消费总量。能源需求增长越快，替代能源比重的增加就越困难。最新的研究表明，不论是在发达国家还是在发展中国家，通过技术手段，提高能源利用效率，将能源消耗总量减少1/3，是完全可以做到的。能源需求减少了，我们就可以逐步摆脱化石能源。发达国家必须接受这样一个事实：半个世纪以来，能源的价格虽然有所升高，但从历史的角度来看，发达国家还是最大的受益者。因此，发达国家也应该担负更大的责任和义务，付出更多的代价来承担能源对环境和人体健康造成的负面影响。

　　不论是一个国家还是在全球范围，能源转型都是一个充满艰辛、旷日持久的过程。这一次从化石燃料到可再生能源的转型也不例外，将需要几代人坚持不懈的努力。

扩展阅读

Energy Transitions: History, Requirements, Prospects. Vaclav Smil. Praeger, 2010.
Monthly Energy Review. U.S. Energy Information Administration. www.eia. gov/mer
The Future of Energy: Earth, Wind and Fire. Scientific American e-book available at http://books.scientifi-camerican.com/sa-ebooks